职业技能等级认定培训教程

计算机维修工

（基础知识）

中国就业培训技术指导中心
人力资源和社会保障部职业技能鉴定中心　组织编写

中国劳动社会保障出版社

图书在版编目（CIP）数据

计算机维修工.基础知识 / 中国就业培训技术指导中心，人力资源和社会保障部职业技能鉴定中心组织编写. -- 北京：中国劳动社会保障出版社，2025. --（职业技能等级认定培训教程）. -- ISBN 978-7-5167-6882-2

Ⅰ.TP307

中国国家版本馆CIP数据核字第2025P6J024号

中国劳动社会保障出版社出版发行

（北京市惠新东街1号　邮政编码：100029）

*

北京瑞禾彩色印刷有限公司印刷装订　　新华书店经销

787毫米×1092毫米　16开本　16印张　259千字

2025年4月第1版　2025年4月第1次印刷

定价：45.00元

营销中心电话：400-606-6496

出版社网址：https://www.class.com.cn

版权专有　　侵权必究

如有印装差错，请与本社联系调换：（010）81211666

我社将与版权执法机关配合，大力打击盗印、销售和使用盗版图书活动，敬请广大读者协助举报，经查实将给予举报者奖励。

举报电话：（010）64954652

编审委员会

主 任 吴礼舵 张 斌 韩智力
副主任 葛恒双 葛 玮
委 员 李 克 朱 兵 赵 欢 王小兵
　　　　 贾成千 吕红文 瞿伟洁 高 文
　　　　 郑丽媛 陆照亮 刘维伟

职业技能等级认定培训教程·计算机维修工

编审委员会

名誉主任	王　宁
主　任	周　明
执行主任	杨梦骊
副 主 任	叶良宏　刘　伟　郝金亭
秘　书	张玉超　董承剑　任　婷
委　员	王玉伟　熊　英　吴东亚　刘　丹　陈穆珩　刘　强
	吴卓平　阳小珊　张玉超　董承剑　李　川　姜永凯

本书编审人员

主　编	李　川
编　者	李伟彦　国梦露　王　倩　于志鹏　刘　鑫
审　稿	杨梦骊　赵　楠　张玉超　董承剑　陈文先　吴典群

前　言

　　为加快建立劳动者终身职业技能培训制度，全面推行职业技能等级制度，推进技能人才评价制度改革，进一步规范培训管理，提高培训质量，中国就业培训技术指导中心、人力资源和社会保障部职业技能鉴定中心组织有关专家在《计算机维修工国家职业标准（2021年版）》（以下简称《标准》）制定工作基础上，编写了计算机维修工职业技能等级认定培训教程（以下简称等级教程）。

　　计算机维修工等级教程紧贴《标准》要求编写，内容上突出职业能力优先的编写原则，结构上按照职业功能模块分级别编写。该等级教程共包括《计算机维修工（基础知识）》《计算机维修工（初级）》《计算机维修工（中级）》《计算机维修工（高级）》《计算机维修工（技师　高级技师）》5本。《计算机维修工（基础知识）》是各级别计算机维修工均需掌握的基础知识，其他各级别教程内容分别包括各级别计算机维修工应掌握的理论知识和操作技能。

　　本书是计算机维修工等级教程中的一本，是职业技能等级认定推荐教程，也是职业技能等级认定题库开发的重要依据，适用于职业技能等级认定培训和中短期职业技能培训。

　　本书在编写过程中得到了中关村电子商会、联想（北京）有限公司、中国电子商会、淄博市技师学院、中国惠普有限公司、北京市供销学校等单位的大力支持与协助，在此一并表示衷心感谢。

中国就业培训技术指导中心
人力资源和社会保障部职业技能鉴定中心

目 录 CONTENTS

职业模块 1　职业道德

培训课程 1　职业道德基本知识 ·········· 3
　学习单元 1　道德 ·········· 3
　学习单元 2　职业道德 ·········· 4

培训课程 2　职业守则 ·········· 6
　学习单元 1　爱岗敬业，遵纪守法 ·········· 6
　学习单元 2　诚实守信，品行端正 ·········· 9
　学习单元 3　礼貌热情，客户至上 ·········· 12
　学习单元 4　认真严谨，忠于职守 ·········· 15
　学习单元 5　勤奋好学，谦虚诚恳 ·········· 17
　学习单元 6　钻研业务，积极进取 ·········· 20

职业模块 2　电子电气基础知识

培训课程 1　电气系统常识 ·········· 25
　学习单元 1　电气系统基础知识 ·········· 25
　学习单元 2　计算机低压配电系统 ·········· 29

培训课程 2　电子元器件常识与电路基本常识 ·········· 35
　学习单元 1　电子元器件的基本概念 ·········· 35
　学习单元 2　电路基础知识 ·········· 42
　学习单元 3　模拟电路相关知识 ·········· 43
　学习单元 4　数字电路相关知识 ·········· 48

职业模块 3　计算机基础知识

培训课程 1　计算机理论基础 ·········· 59
　学习单元 1　计算机产品的定义及发展 ·········· 59
　学习单元 2　计算机的结构与运行原理 ·········· 67

学习单元3　计算机外围设备 …………………………………… 92
　　学习单元4　计算机网络基础知识 ……………………………… 104
　培训课程2　计算机结构件常识 …………………………………… 123
　　学习单元1　计算机外观结构件 ………………………………… 123
　　学习单元2　计算机内部结构件 ………………………………… 130
　培训课程3　计算机产品常见标识符号和性能参数 ……………… 147
　　学习单元1　电子电气符号和性能参数 ………………………… 147
　　学习单元2　计算机产品的标识 ………………………………… 151
　　学习单元3　计算机产品性能的识别 …………………………… 158

职业模块4　工具、仪表基础知识

　培训课程1　计算机维修工具与电路检测设备 …………………… 169
　　学习单元1　常用计算机维修工具的分类及使用方法 ………… 169
　　学习单元2　主要电子线路测试设备及使用方法 ……………… 179
　培训课程2　测试工具常识 ………………………………………… 194
　　学习单元1　计算机硬件故障诊断与测试工具 ………………… 194
　　学习单元2　计算机软件测试工具 ……………………………… 200

职业模块5　安全与法律常识

　培训课程1　安全生产知识 ………………………………………… 215
　　学习单元1　安全操作与用电规范 ……………………………… 215
　　学习单元2　安全常识 …………………………………………… 218
　培训课程2　相关法律法规常识 …………………………………… 228
　　学习单元　相关法律法规知识 …………………………………… 228

职业模块 ❶
职业道德

培训课程 1

职业道德基本知识

学习单元 1　道德

一、道德的概念

道德，是社会意识形态之一，是人们共同生活及其行为的准则和规范。道德通过社会的或一定阶级的舆论对社会生活起约束作用。

二、道德的主要内容

作为社会行为的基石，道德在人类社会中扮演着不可或缺的角色。它们是维系社会秩序、促进人际关系和谐的重要保障，也是个人品德修养的集中体现。以下是一些基本的道德规范。

1. 尊重他人

尊重他人的权利、尊严和观点是构建和谐社会的基石。我们应该以平等、公正的态度对待每一个人，不因种族、性别、宗教信仰或社会地位等因素而有所偏见。通过尊重他人，不仅能够建立起更加和谐的人际关系，还有助于形成良好的社会风尚。

2. 诚实守信

诚实守信是人与人之间互信互赖的基础。我们应该恪守承诺，秉持真实、坦诚的原则处理人际关系，在言行上保持一致，不虚假、不欺诈，以诚信赢得他人的信任与尊重。只有在一个诚实守信的环境中，人们才能建立起稳定可靠的人际关系。

3. 公正公平

公正公平是社会秩序的稳定器。在处理各类事务时，我们应该遵循公正公平的原则，确保每个人都能在平等的机会下享有应有的权益；避免偏见和歧视，以客观、中立的态度对待每个人和每件事。通过维护公正公平，可以促进社会的和谐与进步。

4. 尊重规则

尊重规则是维护社会秩序的必要条件。我们应该自觉遵守法律法规以及社会公德，不做违法乱纪之事，不破坏公共秩序。尊重规则不仅有助于形成良好的社会环境，还有助于降低社会运行成本，提高整体效率。

5. 关爱他人

关爱他人是构建温馨社会的情感纽带。我们应该关注他人的需求，积极帮助他人解决问题，给予支持和鼓励。通过关爱他人，能够建立起深厚的人际情感联系，为社会的繁荣与进步注入温暖的力量。同时，关爱他人也有助于培养个人积极向上的价值观和生活态度。

学习单元 2　职业道德

一、职业道德的概念

职业道德的概念有广义和狭义之分。广义的职业道德是指从业人员在职业活动中应该遵循的行为准则，涵盖了从业人员与服务对象、职业与职工、职业与职业之间的关系。狭义的职业道德是指在一定职业活动中应遵循的、体现一定职业特征的、调整一定职业关系的职业行为准则和规范。不同的职业人员在特定的职业活动中形成了特殊的职业关系，包括了职业主体与服务对象之间的关系、职业团体之间的关系、同一职业团体内部人与人之间的关系以及职业人员、职业团体与国家之间的关系。

二、职业道德的主要内容

职业道德是从业人员处理职业活动中各种关系、矛盾的行为准则，是从业人员在职业活动中必须遵守的道德规范，其主要内容如下。

1. **爱岗敬业**

从业人员要充分认识到自己从事职业的社会价值，认识到职业没有高低贵贱之分，都是为人民服务。爱岗敬业是社会主义职业道德最基本的要求。爱岗，就是热爱自己的工作岗位，热爱自己的本职工作。敬业，就是以极端负责的态度对待工作。敬业的核心要求是严肃认真、一心一意、精益求精、尽职尽责。职业的分工本质上是人民有组织地做自己的事，热爱自己的岗位，敬重自己的职业，做到干一行、爱一行、专一行。

2. **诚实守信**

诚实守信是指从业人员说实话、办实事、不说谎、不欺诈、守信用、表里如一、言行一致的优良品质。诚实就是表里如一、说老实话、办老实事、做老实人。守信就是信守诺言、讲信誉、重信用，忠实履行自己承担的义务。诚实守信是做人的基本准则，也是道德和职业道德的基本规范。诚实守信要做到既生产高质量的产品，又提供高质量的服务，还要严格遵纪守法。只有这样，才能取信于民，从而获得良好的社会效益和经济效益。

3. **办事公道**

办事公道是指从业人员廉洁公正，不仅自己清正廉洁，办事公正，不以权谋私，还要秉公执法，做到出以公心，主持公道，不偏不倚，既不唯上、不唯权，又不唯情、不唯利。

4. **服务群众**

服务群众是指从业人员在职业活动中要全心全意为人民服务。为人民服务是职业的灵魂，在服务过程中要做到热心、耐心、虚心、真心，一切从群众的利益出发，为群众排忧解难，为群众出谋划策，提高服务质量。

5. **奉献社会**

奉献社会就是积极自觉地为社会做贡献，这是社会主义职业道德的本质特征。奉献社会体现在爱岗敬业、诚实守信、办事公道和服务群众的各种要求之中。奉献社会并不意味着不要个人的正当利益，不要个人的幸福。恰恰相反，一个自觉奉献社会的人，才真正找到了个人幸福的支撑点。奉献和个人利益是辩证统一的。

培训课程 2

职业守则

学习单元1 爱岗敬业,遵纪守法

一、爱岗敬业

1. 定义

爱岗敬业是从业人员对待职业的一种态度。具体来说,爱岗就是热爱自己的工作岗位,热爱自己的本职工作。敬业就是用一种恭敬严肃的态度对待自己的工作,主要包括两个方面内容:一是要敬重自己所从事的工作,并引以为豪,勤勤恳恳、兢兢业业、忠于职守、尽职尽责;二是要深入钻研探讨,力求精益求精。

爱岗敬业就要干一行爱一行,爱一行钻一行,精益求精,尽职尽责,以辛勤劳动为荣,以好逸恶劳为耻。

2. 具体要求

爱岗敬业是每一位计算机维修工应当秉持的基本素养,具体要求如下。

(1)对工作的热情和投入。爱岗敬业的计算机维修工会全身心投入工作中,对工作充满热情。他们不仅把工作看作是一种谋生手段,更是将其视为实现自我价值和提升技能的平台。

(2)认真负责的工作态度。他们会认真对待每一个维修任务。在维修过程中,他们会仔细检查、准确诊断,并确保每一个细节都得到妥善处理。

(3)持续学习和技能提升。爱岗敬业的计算机维修工懂得技术日新月异,因此他们会不断学习新的知识和技术,以适应不断变化的市场需求和设备更新。他们会积极参加培训、研讨会,或者利用业余时间自学新知识。

(4)高效的工作习惯。他们注重工作效率,会合理安排工作流程,确保维修任务能够按时完成。同时，他们也会不断优化自己的工作方式，提高工作效率和质量。

（5）良好的客户服务意识。爱岗敬业的计算机维修工会注重与客户的沟通和交流，了解客户的需求和期望，并提供专业的建议和解决方案。他们会尽力满足客户的合理要求，确保客户满意。

（6）团队合作和协作精神。在需要与其他同事或部门合作时，他们会积极沟通、主动配合，以确保维修任务的顺利完成。他们明白团队合作的重要性，并乐于与他人分享知识和经验。

（7）对工作成果的自豪感。当他们成功修复一台设备或解决一个复杂的技术问题时，会具有由衷的自豪感和成就感。这种自豪感会激励他们继续努力，为客户提供更优质的服务。

（8）遵守职业道德和规范。爱岗敬业的计算机维修工会严格遵守职业道德和规范，如保护客户隐私，不泄露公司机密等。他们明白诚信和职业操守对于个人和行业的重要性。

二、遵纪守法

遵纪守法是每个公民应尽的义务，也是构建和谐社会的重要前提。只有每个人都自觉遵守法律法规，才能维护社会的正常秩序，促进社会的稳定发展。因此，我们应该始终牢记遵纪守法的重要性，不断提高自身的法律意识和道德修养，做到言行一致，自觉遵守法律法规，为社会的和谐稳定作出自己的贡献。

1. 定义

遵纪守法是指遵守国家的法律法规，遵守社会公德，维护社会秩序。

2. 具体要求

法律的神圣不可侵犯，也是计算机维修工开展工作的基石。计算机维修工应严格要求自己，在工作中始终坚守法律的底线，以高度的责任感和敬业精神，为顾客提供安全可靠的维修服务，具体要求如下。

（1）遵守公司规章制度。计算机维修工应严格遵守公司制定的各项规章制度，包括但不限于工作时间、工作流程、设备使用规范等。应确保自己的行为符合公司的要求，不违反任何规定。

（2）遵循行业标准和安全规定。在进行维修操作时，计算机维修工应了解并遵守有关规定，确保工作流程的安全性和合规性。

（3）保护知识产权。计算机维修工应尊重并保护所有相关的知识产权，包括软件版权和专利权。不应进行非法复制、传播或使用未经授权的软件或技术。

（4）保障客户数据安全。在处理客户设备时，计算机维修工应落实严格的数据保护措施，确保客户数据的安全性和隐私性。禁止未经授权访问、泄露或滥用客户的任何数据。

（5）合法采购和使用配件。计算机维修工确保所使用的所有配件和材料均来自合法渠道，并符合相关法规和标准，不使用盗版或非法获取的配件进行维修。

（6）诚信记录和报告。计算机维修工应诚信，准确记录维修过程中的所有操作和发现的问题，也应如实向上级或客户报告工作进展和结果，不隐瞒或歪曲事实。

（7）拒绝违法要求。如果客户或其他方提出违法或不合规的要求，计算机维修工应坚决拒绝并明确告知其违法性，始终牢记职业操守和法律底线。

（8）持续学习法律法规。计算机维修工应持续关注和学习与计算机维修相关的法律法规和行业动态，以确保自己的知识和技能与时俱进，并始终合规操作。

 **典型案例**

计算机维修工小张的爱岗敬业与遵纪守法之路

小张是一名计算机维修工，他凭借出色的技术和对工作的热爱，在公司中享有很高的声誉。他不仅技术精湛，更以爱岗敬业和遵纪守法著称。

某日下午，一家公司的服务器突然出现故障，导致整个公司的网络瘫痪。由于这家公司与小张所在公司有长期合作关系，所以他们迅速联系了小张所在的维修团队。小张接到任务后，立刻放下手头的工作，迅速赶往现场。

到达现场后，小张迅速对服务器进行了初步的检查，并很快定位了问题所在。他发现服务器的硬盘出现了故障，需要更换。但是，由于该服务器型号较老，替换的硬盘并不容易找到。面对这种情况，小张没有放弃，他立即联系了自己的供应商，寻找适配的硬盘。

在等待硬盘到货的过程中，小张一直守在公司，确保硬盘到达就能立即进行更换。期间，他不断与公司员工沟通，解释故障的原因和当前的进展情况，以安抚他们的情绪。

硬盘到货后，小张迅速进行了更换，并进行了全面的测试。在他的努力下，公司的网络很快恢复了正常。小张的敬业精神和高效解决问题的能力得到了公司员工的高度赞赏。

在处理故障的过程中，小张始终遵守规章制度和法律法规。他没有因为情况紧急而违规操作，也没有利用这次机会谋取私利。相反，他始终以客户为中心，尽职尽责地完成了任务。

这件事很快在他所在公司内部传开，小张被树立为爱岗敬业和遵纪守法的典范。他的事迹也激励了其他员工更加努力地工作，并时刻提醒自己要遵守法律法规和职业道德。

通过这个案例，我们可以看到小张作为一名计算机维修工，不仅技术过硬，更在爱岗敬业和遵纪守法方面作出了表率。他的行为不仅赢得了客户的信任和尊重，也为公司树立了良好的形象。

学习单元2　诚实守信，品行端正

一、诚实守信

1. 定义

诚实守信是一种良好的品德和行为准则，意味着要诚实地表现自己，信守承诺。这是社会交往中非常重要的一种品质，也是建立信任和良好关系的基础。在个人和商业活动中，诚实守信都是非常值得提倡的。

2. 具体要求

诚实守信作为计算机维修工的职业守则，意味着在处理客户设备或系统时，以诚信的态度对待工作和客户。这包括对客户提供真实、准确的信息，如实报告设备问题，并且诚实地履行维修过程中的各项承诺，具体要求如下。

（1）提供真实、准确的信息。计算机维修工在与客户沟通时，应提供真实、准确的信息，不夸大故障情况，不隐瞒维修难度，确保客户能够基于正确的信息作出决策。

（2）坦诚相待。在维修过程中，如果遇到困难或无法解决的问题，计算机维修工应坦诚地告知客户，而不能试图掩盖或找借口。

（3）信守承诺。计算机维修工在给出维修时间、费用等承诺后，应尽力做到按时交付，并确保维修质量符合承诺的标准。如果因不可抗拒因素导致无法兑现承诺，应及时与客户沟通并寻求解决方案。

（4）保护客户隐私。计算机维修工在接触到客户的个人信息和数据时，应严格保密，不得泄露或滥用这些信息。这是对客户隐私的尊重，也是诚实守信的重要体现。

（5）明确告知维修情况和费用。计算机维修工应在维修前明确告知客户可能的维修情况和费用，避免在维修完成后产生不必要的争议。同时，应确保费用合理透明，不存在隐性收费。

（6）对自己的技术能力有清晰认识。计算机维修工应对自己的技术能力有清晰的认识，不夸大自己的技能水平。在遇到不懂的问题时，应诚实承认并及时向客户说明情况，寻求其他专业人士的帮助。

二、品行端正

1. 定义

品行端正是指一个人在思想、行为和态度上表现出正直正义、谦逊有礼、有责任感、友善宽容、自律自控、勤奋努力等良好品质。这种品行不仅体现了个体的道德修养和社会责任感，也会对人际关系和社会秩序产生积极影响，是建立和维护良好社会风气的重要基础。

2. 具体要求

品行端正的具体要求如下。

（1）诚实守信。计算机维修工应该以诚实守信为基本准则，不对客户隐瞒或歪曲事实，不故意误导或欺骗客户，在工作中保持真诚的态度。

（2）保护客户信息。计算机维修工必须严格遵守保密原则，保护客户的隐私和数据安全，不获取、泄露或滥用客户的个人信息和商业机密。

（3）尊重客户权益。计算机维修工应尊重客户的权益和意见，提供公正、合理的价格和服务，不歧视、不欺负客户，积极解决客户的问题和需求。

（4）保持工作环境整洁。计算机维修工应该建立整洁、安全的工作环境，遵守工作场所的规章制度，妥善保管和使用维修工具和设备，防止浪费和滥用资源。

（5）及时响应和解决问题。计算机维修工应对客户的问题和需求作出及时响应，尽快解决技术故障，提供高质量的维修服务，确保客户满意。

（6）持续学习和提升。计算机维修工应积极参加培训和学习活动，不断提升自己的专业水平和技能，跟随科技发展的步伐，适应新的技术和工作要求。

 **典型案例**

计算机维修工小李的诚信之路

小李是一名有着多年维修经验的计算机维修工，他凭借着自己精湛的技术和诚实守信的品格，在业界和客户中都赢得了极高的评价。

某天，一位客户急匆匆地找到小李，说他的笔记本电脑突然无法开机，而且里面存有重要的工作文件。客户非常着急，希望小李能够尽快修复。

小李接过电脑后，仔细检查并发现主板上的一个电容器出现了问题。他向客户详细解释了故障原因，并给出了维修方案和费用预算。客户同意后，小李立即着手修复。

在维修过程中，小李发现客户的硬盘中还存有一些私人照片和文档。他本可以查看这些内容，但他坚守职业道德，对客户的隐私毫不侵犯。

维修完成后，小李对电脑进行了全面的测试，确保一切正常后才交还给客户。客户验收时非常满意，不仅电脑问题得到了完美解决，而且他的私人文件也完好无损。

几天后，客户意外地发现了一张小李留下的便签，上面详细列出了维修过程中发现的一些小问题以及建议的解决措施。客户被小李的细心和专业打动，随即将这张便签拍照并分享到社交媒体上，大力称赞小李的诚实守信和专业水平。

这件事迅速在社交媒体上引起热议，许多人都表示要向小李学习，并将他视为计算机维修行业的楷模。小李的维修店也因此名声大振，吸引了更多的客户前来寻求帮助。

面对突如其来的赞誉和业务增长，小李依然保持着谦逊和诚实。他始终坚持为客户提供最优质的服务，同时也不断提升自己的专业技能。他说："诚实守信、品行端正不仅是我的职业准则，更是我做人的底线。我希望通过自己的努力，让更多的人感受到计算机维修行业的诚信和专业。"

这个案例不仅展示了小李作为计算机维修工的诚实守信和品行端正，也体现了他在职业道德和诚信经营方面的优秀表现。

学习单元 3　礼貌热情，客户至上

一、礼貌热情

1. 定义

礼貌热情是在与他人交往中，既展现出对他人的尊重和友好，又积极主动，充满关怀和热心。这种态度有助于建立良好的人际关系，提升沟通效果，并营造出和谐、愉快的社交氛围。在服务行业或者日常交往中，礼貌热情被视为一种值得高度赞赏和期待的品质。

2. 具体要求

礼貌热情的具体要求如下。

（1）仪态端庄，举止得体。计算机维修工应穿着整洁的工作服，保持良好的个人卫生和仪容仪表。在与客户交流时，应保持站姿或坐姿端正，不随意倚靠或摆弄工具，展现出专业的形象。

（2）使用文明礼貌用语。计算机维修工在与客户沟通时，应使用"请""谢谢""对不起"等礼貌用语，避免使用粗俗或冒犯性的语言，保持言辞的文明和礼貌。

（3）热情接待客户。当客户来访时，计算机维修工应面带微笑，主动问候，并询问客户需求。对于客户的咨询或问题，应耐心倾听并给予详细解答，不推诿，不怠慢。

（4）关注客户需求，提供个性化服务。计算机维修工应关注客户的具体需求，并根据不同客户的情况提供个性化的服务方案。在维修过程中，应时刻关注客户的反馈，及时调整维修策略以满足客户的期望。

（5）沟通顺畅，及时响应。计算机维修工应与客户顺畅沟通，及时回应客户的问题和需求。在维修过程中，应定期向客户报告维修进度，确保客户对维修情况有清晰的了解。

（6）尊重客户隐私和意见。计算机维修工在与客户交流时，应尊重客户的隐私，不询问与维修无关的个人信息。同时，应尊重客户的意见和建议，对于客户的反馈应认真倾听并积极改进。

（7）结束维修后应礼貌送别。维修完成后，计算机维修工应向客户表示感谢，并询问客户是否还有其他需求。在客户离开时，应礼貌送别，给客户留下良好的印象。

二、客户至上

1. 定义

客户至上是一种以客户为中心的经营理念，它要求企业在所有业务活动中，始终把客户的需求和满意度作为最重要的考量因素，以此驱动企业的创新、改进和成长。

2. 具体要求

客户至上的具体要求如下。

（1）准确理解客户需求。计算机维修工应仔细倾听客户的描述，全面了解客户的问题和需求。针对客户的具体情况，提供合适的解决方案，确保维修服务能够满足客户的期望。

（2）高效响应。对于客户的报修请求，计算机维修工应迅速作出响应，并尽快安排前往维修地点。在维修过程中，应保持与客户的沟通，及时反馈维修进度。

（3）提供专业建议。根据客户的设备配置和使用习惯，为客户提供专业的维护和使用建议，以预防未来可能出现的问题。在更换配件或进行系统升级时，应向客户详细说明利弊，确保客户作出明智的决策。

（4）保障数据安全。在维修过程中，计算机维修工应严格遵守数据保密规定，确保客户数据的安全。若需要备份或恢复数据，应事先征得客户的同意，并确保操作过程中的数据安全。

（5）提供优质服务。计算机维修工应以高标准要求自己，确保提供的维修服务质量上乘。对于维修后的设备，应进行严格的测试，确保设备性能正常，客户满意。

（6）建立良好的客户关系。计算机维修工应主动与客户建立联系，了解客户的反馈和意见，以便不断提升服务质量。在维修过程中，应保持友善和耐心的态度，为客户提供愉快的服务体验。

（7）提供后续支持。维修完成后，计算机维修工应提供必要的后续支持，如解答客户在使用过程中遇到的问题。对于可能出现的新问题，应及时响应并提供解决方案。

 典型案例

计算机维修工小王：礼貌热情，客户至上的服务典范

计算机维修工小王在朋友圈意外发现一位客户A的表扬信，提及自己的一次普通上门服务深深打动了他。

这位特殊的客户是一位残疾人，腿脚行动不便，他在当地经营着一家计算机销售店。多年来，无论计算机是否包含上门服务，小王都始终如一地上门为其报修的计算机进行检测和维修。近期，一位客户B因计算机卡顿故障要求退机，客户A在联系小王后，他迅速响应并再次上门服务。经过细致检测，他发现问题其实很小，迅速对计算机进行了调试并解决了故障。同时，他还以轻松幽默的态度向客户B解释了故障原因，成功化解了退机危机，且让客户B深感温暖并大为感激。

客户A在表扬信中深情写道："开店不易，多亏小王长久以来的无私帮助。我认为很有必要用书面的形式来表扬小王的卓越服务，这让我有信心继续经营下去。"同时，客户A还在朋友圈对小王表示了高度称赞，短短一晚便收获了近200个点赞。小王在看到客户的表扬后，也开心地发了朋友圈分享喜悦，同样获得了大量点赞。

此次案例充分展示了小王服务的专业与热情，且树立了极好的口碑。

学习单元 4　认真严谨，忠于职守

一、认真严谨

1. 定义

认真严谨是一种注重细节、追求精确、坚持高标准、具备系统性和逻辑性，并能够在压力和挑战面前保持坚韧不拔的态度和行为方式。

2. 具体要求

计算机维修工在工作中要以高度的责任感和专业态度对待每一个维修任务，严格按照标准流程进行操作，确保维修工作的质量和可靠性。具体要求如下。

（1）细致入微。需要对客户设备的问题进行仔细而全面的排查，确保不遗漏任何可能存在的故障点，以确定问题的根源。

（2）标准化操作。在维修过程中，需要严格按照标准化的操作流程进行工作，如拆卸、清洁、更换零部件等，以确保操作的规范性和可靠性。

（3）测试验证。在完成维修后，需要对设备进行全面的测试验证，确保问题得到有效解决，设备的功能和性能恢复正常。

（4）记录和报告。需要对每一个维修任务进行详细的记录和报告，包括问题描述、解决方案、使用的零部件等，以便日后追踪和总结经验。

（5）安全保障。在进行维修工作时，需要时刻注意安全事项，如正确使用工具、避免静电等，确保自己和客户设备都不受到伤害。

（6）持续学习。为了保持专业水平和跟上技术发展，需要持续学习和提升自己的专业知识和技能，以满足不断更新的设备和技术需要。

二、忠于职守

1. 定义

忠于职守是一种对待工作和职责的严肃态度和行为方式，它要求个人具备高度的责任感和敬业精神，并具有遵守规则、坚持诚实公正和对结果负责等品质。这种品质对于任何组织和个人来说都是非常重要的，因为它能够保证工作的质量和效率，提高组织的竞争力和信誉，同时也能促进个人的职业发展。

2. 具体要求

计算机维修工在工作中始终坚守职业道德和行业规范，尽职尽责地完成工作任务，为客户提供高质量的服务，具体要求如下。

（1）遵守职业道德和法律法规。应严格遵守计算机维修行业的职业道德以及国家和地方的相关法律法规。在维修过程中，要遵循行业标准和操作规程，确保维修服务的质量和安全。

（2）尽职尽责，提供专业服务。应以高度的责任心和敬业精神对待工作，确保维修任务顺利完成。在进行维修时，要运用自己的专业知识和技能，为客户提供专业、高效的服务。

（3）保护客户利益和数据安全。在维修过程中应严格保护客户的隐私和数据安全，不得泄露客户的任何信息。在维修过程中，要谨慎操作，避免因操作不当导致客户数据的丢失或损坏。

（4）积极解决问题和应对挑战。面对复杂的维修问题和挑战，应积极寻找解决方案，不断提高自己的解决问题能力。在遇到困难时，要保持冷静和耐心，以专业的态度为客户解决问题。

（5）持续学习和提升技能。应保持持续学习的态度，通过参加培训、阅读专业书籍和资料等方式，不断提升自己的专业技能和知识水平。

（6）维护良好的职业形象和声誉。应以诚信、专业的态度对待每一位客户，树立良好的职业形象和声誉。在与客户沟通时，要保持友善、耐心的态度，解答客户的疑问和困惑。

 **典型案例**

计算机维修工小赵的认真严谨与忠于职守

维修工作站接到了一份紧急线上派单，某涉密单位的专用台式机出现了无法开机的故障，客户因有重要文件急需使用，强烈要求当天修复。面对这一特殊需求，计算机维修工小赵迅速与客户取得了联系。

小赵首先尝试通过电话远程解决，经过细致排查，最终确认故障源于电源问题。然而，由于当日他还有其他涉密客户的服务任务需要完成，且当地正遭遇大暴雨，他与客户预约在16点至17点赶到现场。

小赵在完成其他客户的服务后，不顾强风暴雨的恶劣天气，于17点赶到客户现场。到达后，他全身湿透，但第一时间投入维修工作中。了解到客户即将下班且急需计算机中的数据，小赵与客户沟通后，得知客户有一台同型号的闲置设备。经过客户同意，他迅速调换电源，成功使客户的计算机正常启动，客户也因此顺利拿到了急需的数据。

通过这次多方协调和联动，小赵和他的团队成功解决了客户的紧急问题，不仅赢得了客户的认可，还受到了销售经理的表扬。这一案例充分展示了计算机维修工小赵认真严谨、忠于职守的职业精神。

学习单元5　勤奋好学，谦虚诚恳

一、勤奋好学

1. 定义

勤奋好学是一种积极主动、持之以恒、系统深入、主动反馈和热爱知识的学习态度和行为方式。这种品质对于个人的成长和发展非常重要，因为它能够帮助人们不断拓展自己的知识和技能，提高自己的竞争力和适应能力。

2. 具体要求

勤奋好学要求计算机维修工在工作中不断学习，提升自己的专业技能和知识水平，以提高工作效率和服务质量，具体要求如下。

（1）持续学习。计算机维修工需要不断学习新的技术和知识，了解最新的维修方法和工具，以提高工作效率和服务质量。可以通过参加培训、阅读相关文献、参与讨论等方式不断学习和更新知识。

（2）广泛涉猎。计算机维修工需要了解多种计算机设备和应用领域，并能够针对不同的问题提供最佳解决方案。计算机维修工需要了解各种操作系统、软件和硬件设备的特点和性能，以便更好地进行维修和故障排除。

（3）自主探索。计算机维修工需要积极主动地探索新的技术和方法，不断创新和改进工作方法。可以通过实践、试错和探讨等方式，积累经验并提高解决问题的能力。

（4）团队合作。计算机维修工需要在团队中积极合作和交流，分享自己的经验和知识，并从团队中学习和获得帮助；需要与其他维修人员、技术支持人员和客户建立良好的关系，有效协作解决问题。

（5）专业认证。计算机维修工可以通过参加相关的认证考试，来证明自己的专业技能和知识水平。这有助于提高自己的职业形象和竞争力，获得更多的职业机会和发展空间。

（6）持续改进。不断反思和总结自己的工作，找出不足之处，并进行针对性的改进和优化。例如，可以通过客户反馈、查看维修记录等方式，了解自己的工作表现，并在此基础上不断提高自己的工作能力和服务质量。

二、谦虚诚恳

1. 定义

谦虚诚恳是一种谦逊、真诚、诚实、尊重和持续学习的态度和行为方式。这种品质对于个人的人际关系和社会交往来说非常重要，它能够建立信任和尊重，促进沟通和合作，同时也能够提升个人的道德修养和社会形象。

2. 具体要求

在工作中保持谦虚、真诚的态度，以客观、诚实的方式与客户和同事进行沟通与合作。对待问题和解决方案保持开放的心态，愿意倾听他人的意见和建议，并乐于接受自己的不足之处，以便改进和提升自己的工作能力和服务质量。具体要求如下：

（1）保持谦虚态度。计算机维修工应认识到计算机技术发展迅速，要始终保持一种学习的心态。在与客户、同事或其他专业人员交流时，要虚心听取他人的意见和建议，不自以为是，不轻易否定他人的观点。

（2）诚恳对待工作与客户。计算机维修工应以诚恳的态度对待工作，不敷衍了事，尽力做到最好。在与客户沟通时，要真诚地解答客户的问题，不隐瞒、不夸大，提供真实可靠的信息。

（3）承认自身不足并愿意学习。计算机维修工在遇到不懂或不确定的问题时，应诚实地向客户或同事说明，并表现出积极学习的态度。当发现自己有错误时，要勇于承认并及时纠正,以此赢得客户的信任和尊重。

(4)积极寻求合作与帮助。计算机维修工在遇到难以解决的问题时,应积极寻求同事、上级或专业人士的帮助,而不是孤军奋战。在团队合作中,要愿意分享自己的知识和经验,同时也要虚心接受他人的指导。

(5)尊重他人,避免傲慢行为。计算机维修工应以平等的态度对待每一位客户和同事,不因自己的专业技能而傲慢自大。在与他人交流时,要保持礼貌和尊重,避免使用贬低或嘲讽的言辞。

 **典型案例**

计算机维修工小刘的勤奋好学与谦虚诚恳

小刘是一名年轻的计算机维修工,虽然工作经验不算丰富,但他以勤奋好学和谦虚诚恳的态度,迅速在团队中崭露头角。

小刘所在的公司最近接手了一个大型企业的计算机系统维护工作。这个项目对于技术的要求非常高,涉及多种复杂的硬件和软件配置。尽管小刘之前并没有接触过这类高端系统,但他并没有被困难吓倒。

在项目开始前,小刘主动利用业余时间学习了大量相关的技术文档和案例,甚至自费参加了一些高级技术培训课程。他经常在深夜研究各种技术难题,不断在实验中摸索和学习。

与此同时,小刘也展现出了谦虚诚恳的一面。每当遇到不懂的问题,他都会虚心向团队中的资深同事请教。他从不掩饰自己的不足,总是坦诚地承认自己的知识盲区,并积极地寻求帮助。他的这种态度赢得了同事们的尊重和认可,大家都愿意与他分享自己的经验和知识。

在项目执行过程中,小刘不仅凭借自己的勤奋好学迅速掌握了所需的技术,还以谦虚诚恳的态度赢得了团队的信任和支持。他逐渐成了项目中的核心成员,为项目的成功实施作出了重要贡献。

项目结束后,客户对小刘和他的团队表示了高度的赞赏。他们认为小刘不仅技术过硬,更重要的是他展现出的勤奋好学和谦虚诚恳的态度让人印象深刻。

小刘的事迹很快在公司内部传开,他成了勤奋好学和谦虚诚恳的典范。

> 他的故事激励着其他同事不断学习和进步，也为公司营造了一种积极向上的学习氛围。
>
> 通过这个案例，我们可以看到小刘作为一名计算机维修工，不仅以勤奋好学的态度迅速提升自己的技术能力，更以谦虚诚恳的精神赢得了团队和客户的尊重与信任。

学习单元 6　钻研业务，积极进取

一、钻研业务

1. 定义

钻研业务是一种积极主动、系统深入、注重实践和创新、持续学习和适应变化的职业态度和行为方式，旨在通过不断提升个人的专业素养和能力，为组织和个人的发展作出贡献。

2. 具体要求

计算机维修工钻研业务的具体要求如下。

（1）持续学习。面对计算机技术和行业发展日新月异，需要持续学习，不断更新自己的知识和技能。可以通过参加培训课程、阅读专业书籍和论文、参与行业研讨会等方式来扩展自己的知识量。

（2）深入研究。对计算机系统和相关技术进行深入研究，了解其原理、结构和工作方式。掌握各种常见的故障排除方法，并能够应对复杂的技术问题。

（3）关注行业动态。密切关注计算机行业的动态和趋势，了解最新的技术发展和应用场景。可通过订阅行业期刊、关注专业网站和社交媒体等方式来获取相关信息。

（4）实践应用。应将所学的知识和技能应用于实践，通过解决实际的维修问题来提升自己的技术水平。不断尝试新的工具和技术，积累经验，并不断改进解决问题的方法和策略。

（5）分享经验。积极与同事分享自己的经验和学习成果，促进团队内部的知识共享和合作。可以参与内部培训或组织技术交流会，促进整个团队的技术成长。

（6）追求创新。鼓励在解决问题时寻找创新的方法和思路，思考如何提供更高效、更可靠的解决方案，或者提出改进现有工作流程和标准的建议。

（7）跟进客户需求。应了解客户的需求和期望，并根据实际情况进行技术选型和方案设计。理解客户的业务背景和目标，为客户提供定制化的解决方案。

二、积极进取

1. 定义

积极进取是一种主动、热情、坚持不懈、持续学习、坚韧不拔、适应变化、自我激励和负责任的态度和行为方式，旨在通过不断提升个人的能力和素质，实现更高的目标和价值。

2. 具体要求

计算机维修工要在工作中展现出主动性、积极性和进取性的态度，愿意主动承担责任，积极解决问题，并不断寻求个人和职业发展的机会，具体要求如下。

（1）主动承担责任。应主动承担起自己的工作责任，不仅完成分配给自己的任务，还应积极寻找并解决潜在的问题，主动与客户沟通，了解客户需求，并尽力满足客户的期望。

（2）积极解决问题。应以积极的态度面对问题，并主动寻找解决方案。具备良好的问题分析和解决能力，能够快速定位和修复故障，并且能够提供有效的解决方案。

（3）持续学习和发展。应保持对新知识和技术的持续学习和关注，不断提升自己的专业水平。主动参加培训课程、研讨会和行业会议，积极阅读相关的技术资料以及参与在线社区和论坛讨论。

（4）寻求挑战和机会。应积极主动地寻找挑战和机会，扩展自己的工作范围。主动参与到新项目和新团队中，争取更高级别的工作任务以及尝试新的技术和工具。

（5）良好的沟通和合作能力。具备良好的沟通和合作能力，能够与团队成员、客户和其他相关方进行有效的沟通和协作。能够清晰表达自己的意见和建议，同时也能够倾听和理解他人的需求和意见。

（6）适应变化和压力。具备适应变化和处理工作压力的能力。计算机技术和行业发展迅速，计算机维修工需要灵活应对各种变化，并能够在紧急情况下保持冷静和高效。

 **典型案例**

计算机维修工小陈的钻研与进取

小陈是一名计算机维修工，自从加入计算机维修行业以来，他就以钻研业务和积极进取的精神著称。他不满足于日常维修工作中的常规操作，时刻追求对技术的深入了解和提升。

有一次，公司接到了一台出现复杂故障的服务器的维修任务。这台服务器因为硬件故障导致数据读写异常，但具体故障点难以确定。其他同事面对这个问题都感到束手无策，但小陈却主动请缨，决定挑战这个技术难题。

小陈先是对服务器进行了全面的硬件检测，发现并非所有的硬盘都存在读写问题，这进一步增加了故障的复杂性。他没有放弃，而是利用业余时间深入研究服务器的硬件架构和数据传输原理。他查阅了大量的技术文档，甚至直接向硬件厂商的技术支持求助，以期找到解决问题的线索。

在深入研究的过程中，小陈逐渐发现了问题的症结所在：服务器内部的某块电路板上的一个电容出现了老化，导致数据传输不稳定。他立即采购了替换电容，并亲自动手进行了更换。经过严格的测试，服务器恢复了正常的数据读写功能。

小陈并没有止步于此，他意识到这次故障暴露出了自己在某些硬件细节上的知识盲区。于是，他利用这次经验，主动学习了更多关于服务器硬件维护和故障排除的知识，还编写了详细的故障排查和维修流程，供团队其他成员参考。

小陈的钻研精神和积极进取的态度在公司内部赢得了广泛的赞誉。他不仅解决了一个技术难题，还为团队带来了宝贵的技术积累。这件事也激励了其他同事在工作中更加注重技术的深入学习和实践经验的积累。

通过这个案例，我们可以看到小陈作为一名计算机维修工，不仅在日常工作中表现出色，更在面对技术难题时展现出了钻研业务和积极进取的精神，也为整个团队树立了榜样。

职业模块 ❷
电子电气基础知识

培训课程 1 电气系统常识

学习单元 1　电气系统基础知识

一、电气系统的定义

电气系统是由电源、元件、信号处理和控制设备等组成的系统，旨在实现电力传输、分配、控制和保护等功能。这一系统在工业和民用领域都有广泛应用，其主要组成部分包括电源、用电设备和辅助设备。电源是电气系统的核心，它能将其他形式的能量转化为电能，如水力发电、火力发电等。用电设备则负责将电能转化为其他形式的能量，如电动机、电灯等。辅助设备则起到保护电路和控制电能流向的作用，如电缆、开关等。

二、电气系统的分类

电气系统可以根据不同的标准进行分类，详见下文。

1. 按电压等级分

（1）强电系统主要涉及电力能源的传输和分配，是指高电压、大功率的电气系统，如输配电系统、电动机控制系统等，主要用于提供动力或照明。

（2）弱电系统是指低电压、小电流的电气系统，如通信系统、广播系统、监控系统等，主要用于信息的传输和处理。

2. 按功能和应用领域分

（1）供配电系统包括电源（如变电站、发电机组等）、配电盘、变压器、开关设备、电缆等，负责将电能从电源输送到各个用电点。

（2）用电系统包括各种用电设备，如电动机、照明设备、电热设备等，是电能的最终消费端。

3. 按电流类型分

（1）交流系统是指使用交流电的电气系统，这是最常见的电气系统类型，因为交流电能有效地在电网中传输，并容易变压。

（2）直流系统是指在某些特定应用中使用直流电的电气系统，如一些电子设备、太阳能系统或某些工业应用系统。

4. 按电压等级分

（1）低压系统是指额定电压为 1 kV 及以下的电气系统。

（2）中压系统是指额定电压为 1～35 kV 的电气系统。

（3）高压系统是指额定电压为 35 kV 及以上的电气系统。

三、电气系统的常见参数

1. 电流

（1）电流的定义。电荷的有规则运动称为电流。

（2）电流的方向。习惯上规定正电荷移动的方向为电流的方向。

（3）电流的单位是安培，用 A 表示，常用的单位还有 kA（千安）、mA（毫安）等。

2. 电压

（1）电压的定义。电路中两点之间的电位差称为电压。

（2）电压的方向。从高电位指向低电位的方向为电压的方向。

（3）电压的单位为伏特，用 V 表示，常用的单位还有 kV（千伏）、mV（毫伏）等。

（4）电压等级是指电力系统中使用的标准电压值系列，常用来区分不同的电压范围，以适应各种不同的电力需求。在我国，电压等级被分为五种，分别是安全电压、低压、高压、超高压和特高压。安全电压常用的有 12 V、24 V、36 V。36 V 适用于矿井及类似场所；24 V 适用于工作面狭窄，操作者易大面积接触环境中接地良好的导电体的场所，如锅炉或金属容器内；12 V 供某些具有人体可以触及的带电体的设备使用。

3. 直流电

（1）直流电流。直流电流是指不随时间变化的电流。直流电流的形态如图 2-1 所示。

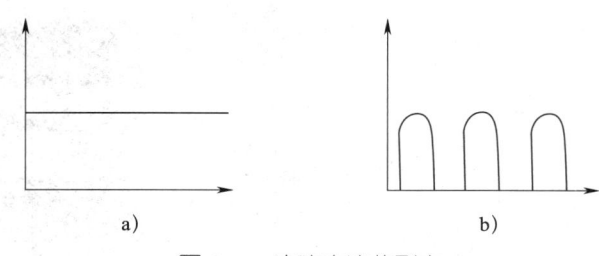

图 2-1 直流电流的形态
a）恒定直流电流　b）脉冲直流电流

（2）直流电压。如果电压的大小及方向都不随时间变化，则称为直流电压。

直流电一般通过直流发电机发电、交流逆变器、蓄电池、干电池获得。直流电源有正极和负极之分。

4. 交流电

（1）交流电流。交流电流是指大小和方向随时间做周期性变化的电流，简称交流。通常交流电流指的都是正弦交流电，其波形示意图如图 2-2 所示。

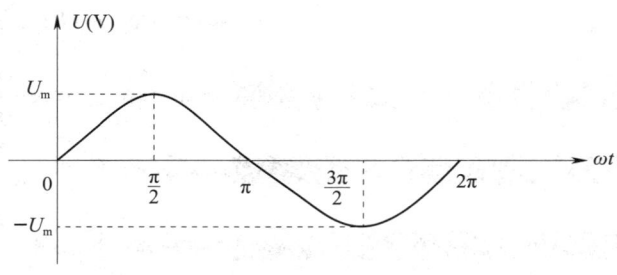

图 2-2　正弦交流电波形示意图

（2）频率。频率是单位时间内完成周期性变化的次数，是描述周期运动频繁程度的量，常用符号 f 表示，单位为赫兹（Hz）。交流的频率是指它单位时间内周期性变化的次数。日常生活中的交流的频率一般为 50 Hz。

（3）三相交流电。三相交流电是由三个频率相同、电势振幅相等、相位差互差 120° 角的交流电路组成的电力系统。三相分别为 A、B、C，用黄、绿、红标识。A 线、B 线、C 线统称为相线或火线。三相交流电波形示意图如图 2-3 所示。

（4）相电压是每根火线与中性线（零线）间的电压。

（5）线电压是火线之间的电压。

（6）三相四线制：变压器（中性点接地）由输出的三相火线和一根中性线（零线）组成，其接线示意图如图 2-4 所示。

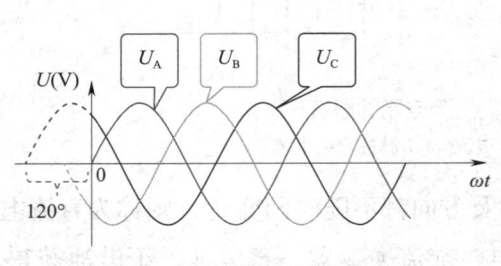
图2-3 三相交流电波形示意图

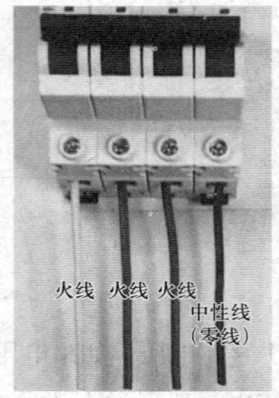
图2-4 三相四线制接线示意图

（7）三相五线制包括三个相线（A、B、C）、零线（N线）以及地线（PE线）。三相五线制标准导线颜色：A线黄色，B线绿色，C线红色，N线淡蓝色，PE线黄绿色。三相五线制接线示意图如图2-5所示。

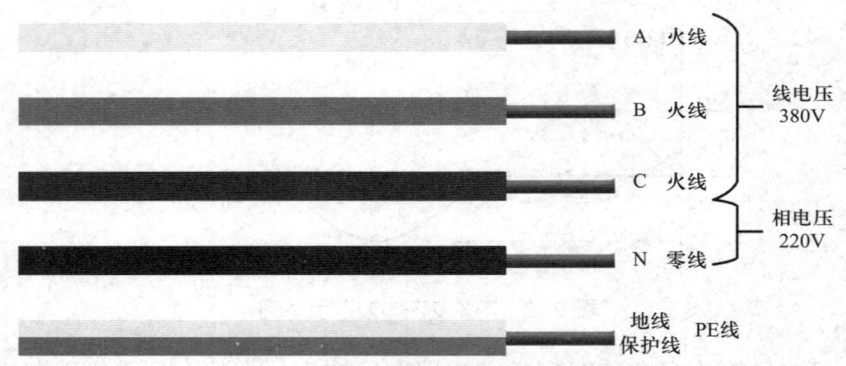
图2-5 三相五线制接线示意图

5. 负载

负载有三类：阻性负载、感性负载、容性负载。

（1）阻性负载是指纯阻性负载，和电源相比，负载的电压、电流、相位均没有变化，常见的阻性负载有白炽灯、电炉等。

（2）感性负载是指带电感参数的负载，和电源相比，负载的电流滞后电压一个相位差。常见的感性负载有变压器、电动机。感性负载启动电流是额定电流的3～7倍。

（3）容性负载是指带有电容参数的负载，和电源相比，负载的电流超前电压一个相位差。常见的容性负载主要是电容器或电容器组，主要用来降低功率因数。

6. 功率

（1）功率因数。在交流电路中，电压与电流之间的相位差的余弦叫作功率因数。在数值上，功率因数是有功功率的绝对值和视在功率的比值。功率因数可用来衡量电气设备效率高低，功率因数低，说明电路的无功功率大，会增加线路供电损失，降低设备的利用率。

（2）有功功率是指，在交流电路中，消耗在阻性负载上的功率，单位为瓦（W）或千瓦（kW）。

（3）无功功率是指，电感建立磁场、电容建立电场所消耗的功率。这个功率随着交流电的周期，与电源不断地进行能量转换，并不消耗能量。

（4）视在功率是指，交流电源所能提供的总功率，在数值上等于电流与电压的乘积。

学习单元 2 计算机低压配电系统

计算机维修工在维修过程中，虽然主要关注的是计算机硬件和软件的问题，但了解低压配电系统的一些基本知识也是有益的，特别是在处理与电源相关的问题时。

一、计算机低压配电系统的组成

计算机低压配电系统是指为计算机设备及其相关辅助设施提供稳定、可靠的低压电能供应的系统。这个系统通常包括多个组成部分，以满足计算机设备对电能质量、安全性和连续性的高要求。它主要由以下几个部分组成。

（1）电源：通常包括市电输入和备用电源（如柴油发电机或不间断电源）。市电是主要的电能来源，而备用电源则用于在主电源故障时提供应急电能，确保计算机系统的连续运行。

（2）变压器：用于将市电的高压转换为计算机设备所需的低压。在大型数据中心或计算机房中，可能还需要多级变压器来满足不同负载的需求。

（3）配电柜：用于分配电能到各个计算机设备或设备群组。配电柜内装有各种开关设备、测量仪表、保护装置和控制系统，以实现对电能的控制、调节和保护。

（4）UPS（不间断电源）系统：UPS是计算机低压配电系统中的重要组成部分，它能在市电中断时立即接管供电，确保计算机设备不会因突然断电而受损或丢失数据。

（5）电缆和线路：用于将电能从配电柜传输到各个计算机设备。这些电缆和线路需要具备良好的绝缘性能和承载能力，以确保电能传输的安全性和可靠性。

（6）接地系统：良好的接地系统是保障计算机低压配电系统安全运行的关键。它可以将设备外壳上的静电或漏电电流安全地导入大地，防止人员触电和设备损坏。

二、计算机电源

计算机电源是计算机硬件系统的重要组成部分，主要负责将交流电转换为计算机内部各部件所需的直流电。根据功率、接口和用途的不同，计算机电源可分为多种类型。

1. ATX（advanced technology extended，先进技术扩展）电源

ATX电源是一种计算机工作电源，用于将交流220 V电源转换为计算机内部使用的直流±3.3 V、±5 V、±12 V等电源，如图2-6所示。

图2-6　ATX电源

ATX电源的工作原理是通过对交流电源进行整流、滤波、振荡控制和输出调整等步骤，将交流电源转化为稳定的直流电源，供计算机内部使用。同时，电源还具备保护功能，以确保电源和计算机的安全。

（1）组成。ATX 电源主要包括以下几个部分。

1）交流输入回路。交流输入回路包括输入保护电路和输入抗干扰电路。输入保护电路主要负责过流、过压保护以及限流；输入抗干扰电路负责抑制电网进入的干扰信号以及减小对其他设备和显示器的干扰。

2）整流电路。整流电路包括整流和滤波两部分。整流部分负责将交流电源转换为直流电源；滤波部分则负责去除电源中的波动和噪声。

3）开关振荡电路。开关振荡电路负责控制电源的开关状态，使其在开和关之间周期性地切换，从而实现直流输出。

4）输出电路。输出电路可以根据不同电压需求，将开关振荡电路输出的直流电压转换为 5 V、12 V 等电压，供计算机中的设备使用。

5）控制电路。控制电路负责电源的开关、电压调节以及保护等。例如，当计算机处于待机状态时，控制电路会输出一个 5 V 电压给南桥，为南桥内的 ATX 电源开机电路提供工作条件。

6）保护电路。保护电路包括过压保护、过流保护、短路保护等，负责确保电源在异常情况下能及时切断，保护计算机和电源的安全。

（2）ATX 电源接口。ATX 电源通过特定的接口与主板相连，接口上各个针脚的定义和功能需要计算机维修工熟练掌握。

1）主供电接口。ATX 电源主板端的主供电接口分两种，一种是 20 针接口，另一种是 24 针接口。

20 针接口主要用于一些老旧的计算机电源，它属于 ATX 12V v1.x 版本，与主板的 20 针插头连接，为主板提供 3.3 V 内存供电电压，20 针接口定义图如图 2-7 所示。

从 ATX 12V v2.0 版本开始，由于 PCI-E 接口显卡的普及，在 20 针供电接口的基础上新增了双 12 V 电压输出，于是接口变成了 24 针，在 20 针的基础上增加了一路 12 V 电压输出、一路 5 V 电压输出、一路 3.3 V 电压输出和一路地线（GND）输出，24 针接口定义图如图 2-8 所示。

不同颜色的针接口具有不同的功能。

①橙色：提供 +3.3 V 电压；

②红色：提供 +5 V 电压；

③黄色：提供 +12 V 电压；

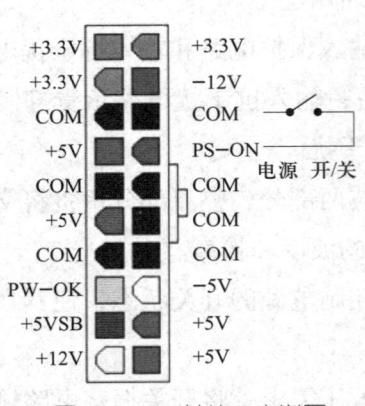
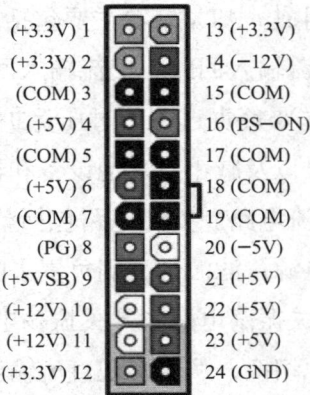

图 2-7　20 针接口定义图　　图 2-8　24 针接口定义图

④蓝色：提供 –12 V 电压；

⑤白色：提供 –5 V 电压；

⑥紫色：提供 +5 V Stand by 电源，供电源启动电路使用；

⑦绿色：PS-ON 接口，传输电源启动信号，低电平为电源开启，高电平为电源关闭；

⑧灰色：传输 Power Good（PW-OK）信号，起到信号反馈的作用，用于指示电源是否正常工作；

⑨黑色：地线（GND），用于提供电路的参考电位。

这些接口的定义可能会因不同的主板和电源型号而略有不同，在实际使用中，需要参照设备的具体接口而定。

2）其他接口。ATX 电源主板端接口除了 20 针或 24 针主供电接口外，还包含 4 针的 12 V 主板供电接口、6 针的辅助供电接口、4+4 针的主板辅助供电接口、15 针的 SATA 设备供电接口、6 针（或 8 针）的显卡供电接口等，如图 2-9 所示。

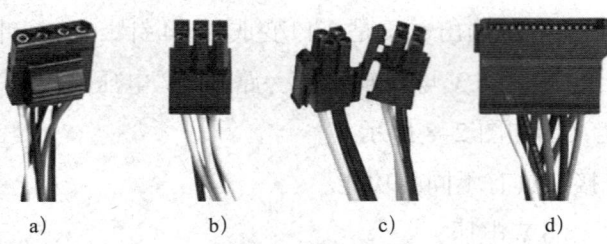

图 2-9　其他接口

a）4 针的 12V 主板供电接口　b）6 针的辅助供电接口
c）4+4 针的主板辅助供电接口　d）15 针的 SATA 设备供电接口

2. 笔记本电脑电源适配器

笔记本电脑电源适配器是笔记本电脑工作的动力之源，其中的开关电源，其工作原理与其他家电中的开关电源相同，作用是为笔记本电脑提供稳定的低压直流电，一般在 12~19 V。其主要由三个部分组成：变压器、整流器和稳压器，如图 2-10 所示。

图 2-10　笔记本电脑电源适配器

在使用笔记本电脑电源适配器时，需要注意以下几个方面。

（1）选择合适的电压和电流。不同种类笔记本电脑的适用电压和电流不尽相同。在使用电源适配器时，请务必注意电压和电流参数。通常，笔记本电脑的电源适配器输出电压为 19 V。

（2）选择合适的功率。原装电源适配器无法使用，需寻求替代品时，可以选择与原装电源适配器的功率相同或更高功率的电源适配器。例如，笔记本电脑原装电源适配器的功率为 65 W，在选择替代品时，就可以选择 90 W 或 135 W 的电源适配器。

（3）注意电源适配器插头的正负极性。确保选择的电源适配器插头的正负极性与笔记本电脑插座相匹配。

（4）注意电源适配器的声音。正常情况下，电源适配器在充电时可能会发出轻微的嗡嗡声，这是磁性元件（如电感或脉冲变压器）发出的声音。如果声音过大或异常，请检查电源适配器是否有问题。

3. 服务器电源

服务器电源主要用于给数据中心的服务器、存储器及交换机等 IT 设备供电。服务器电源是整个数据中心配电系统建设的重中之重，充分了解服务器电源的容量、冗余方式、制冷要求和能效设计等指标是建设部署数据中心的基础。

服务器电源按照标准，可以分为 ATX 电源和 SSI 电源。

（1）ATX 电源。这种电源使用较为普遍，主要用于台式机、工作站和低端服务器，如图 2-11 所示。

（2）SSI 电源。SSI（server system infrastructure）电源规范是一种针对服务器系统的新一代电源规范，由英特尔公司联合一些主要基于 IA（intel architecture，采用 intel 处理器的复杂指令集计算机）架构的服务器生产商共同制定。制定 SSI 电源规范的主要目的是使服务器电源技术标准化，降低开发成本，延长服务器的使用寿命。该规范主要包括服务器电源规格、背板系统规格、服务器机箱系统规格和散热系统规格。SSI 电源如图 2-12 所示。

图 2-11 ATX 电源

图 2-12 SSI 电源

培训课程 2 电子元器件常识与电路基本常识

学习单元1 电子元器件的基本概念

一、电导材料基础

1. 导体

导体指容易导电的物体，如金属（见图2-13）、石墨、人体、大地、酸碱盐溶液等。

2. 绝缘体

绝缘体指不容易导电的物体，如橡胶、玻璃、陶瓷、塑料等。图2-14所示为聚四氟乙烯，它是一种塑料绝缘体。

3. 半导体

半导体指导电性介于导体与绝缘体之间的材料，在一定条件下可以相互转换。常见的半导体有锗、硅（见图2-15）等。

图2-13　金属导体

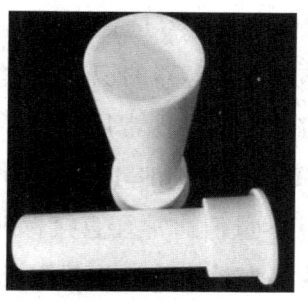

图2-14　聚四氟乙烯绝缘体

图2-15　硅半导体

二、常见电子元器件

1. 电阻器

（1）电阻器的作用。电阻器简称电阻，在电路中用 R 加数字表示，如 $R1$ 表示编号为 1 的电阻器，电阻器样式如图 2-16 所示。

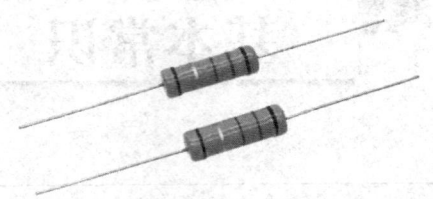

图 2-16 电阻器

电阻器在电路中的主要作用为分流、限流、分压、偏置等。

电阻器的单位为欧姆（Ω），常用的单位还有千欧（kΩ）、兆欧（MΩ）等。

（2）阻值标注方法。电阻器阻值的常见标注方式有 4 种，即直接标注法、颜色标注法、数值标注法和文字符号标注法。

（3）电阻器的分类。电阻器按不同材料、工艺、封装形式等可分为碳膜电阻器、水泥电阻器、金属膜电阻器、线绕电阻器、无感电阻器、热敏电阻器、压敏电阻器、拉线电阻器、贴片电阻器等。

2. 电容器

（1）组成和特性。电容器简称电容，在电路中一般用 C 加数字表示，如 $C13$ 表示编号为 13 的电容器。电容器是由两片金属膜紧靠、中间用绝缘材料隔开而组成的元件。电容器的特性主要是隔直流、通交流。

电容器容量的大小表示能贮存电能的大小，电容器对交流信号的阻碍作用称为容抗，它与交流信号的频率和电容量有关。

（2）电容器的识别方法。电容器的识别方法分直标法、色标法和数标法 3 种。电容器的基本单位为法拉（F），其他常用单位还有毫法（mF）、微法（μF）、纳法（nF）、皮法（pF），$1\ F=10^3\ mF=10^6\ μF=10^9\ nF=10^{12}\ pF$。

容量大的电容器，其容量值通常会直接标明，如 10 μF/16 V，容量小的电容器其容量值通常用三位数字表示，其中前两位表示有效数字，第三位数字是倍率。例如，102 表示 $10×10^2\ pF=1\ nF$，224 表示 $22×10^4\ pF=0.22\ μF$。

（3）电容器的种类。电容器的种类从原理上可以分为无极性可变电容器、无极性固定电容器、有极性电容器等，从材料上可以分为 CBB（聚丙烯）电容器、涤纶电容器、瓷片电容器、云母电容器、独石电容器、电解电容器、钽电容器等，如图 2-17 所示。

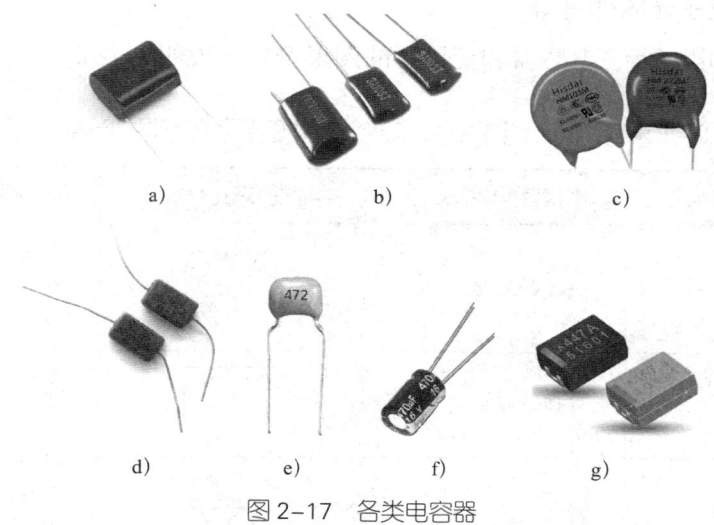

图 2-17　各类电容器

a) CBB 电容器　b) 涤纶电容器　c) 瓷片电容器　d) 云母电容器
e) 独石电容器　f) 电解电容器　g) 钽电容器

3. 电感器

电感器在电路中常用 L 加数字表示，如 $L6$ 表示编号为 6 的电感器。电感线圈是将绝缘的导线在绝缘的骨架上绕一定的圈数制成，如图 2-18 所示。电感器的基本单位为亨利（H），其他常用单位还有毫亨（mH）、微亨（μH）、纳亨（nH）等，$1\,H = 10^3\,mH = 10^6\,\mu H = 10^9\,nH$。

图 2-18　电感线圈

当直流信号通过电感线圈时，直流电阻就是导线本身的电阻，压降很小。当交流信号通过电感线圈时，电感线圈两端将会产生自感电动势，自感电动势的方向与外加电压的方向相反，阻碍交流的通过，所以电感器的特性是通直流、阻交流,频率越高,电感线圈阻抗越大。电感器在电路中可与电容器组成振荡电路。电感器一般用直接标注法和颜色标注法进行标注。例如,常用棕、黑、金来标注,其中金表示 1 μH(误差 5%)的电感器。

4. 常见电子元器件符号

电阻器、电容器、电感器和变压器的图形符号及说明见表 2-1。

表 2-1 电阻器、电容器、电感器和变压器的图形符号及说明

图形符号	名称与说明	图形符号	名称与说明
─▭─	一般电阻器	⌒⌒⌒	电感器、线圈、绕组 注:符号中半圆数不得少于 3 个
─▱─	可调电阻器	⌒⌒⌒	带磁芯的电感器
─▭─	滑线式变阻器	⌒⌒⌒	带磁芯连续可调的电感器
─┤├─	极性电容器	⌒⌒⌒	双绕组变压器 注:可增加绕组数目
─╫─	可调电容器	⌒⌒⌒	绕组间有屏蔽的双绕组变压器 注:可增加绕组数目
─╫╫─	双联同调可变电容器 注:可增加同调联数	⌒⌒⌒	带固定抽头的电感器
─╫─	预调电容器		

三、模拟元器件分类及用途

1. 二极管

二极管是一种电子器件,具有单向导电性,它只允许电流在一个方向上流动,在相反方向上则会被阻止。二极管在电路中通常被用作整流器、开关或稳压器等。二极管在电路中常用 D 加数字表示,如 D5 表示编号为 5 的二极管。

二极管的主要特性是单向导电性，也就是在正向电压的作用下导通电阻很小，在反向电压的作用下导通电阻极大或无穷大。因此二极管常用在整流、隔离、稳压、极性保护、编码控制、调频调制和静噪等电路中。二极管按作用可分为整流二极管（如 1N4004）、隔离二极管（如 1N4148）、肖特基二极管（如 BAT85）、发光二极管、稳压二极管等。

二极管的识别很简单，小功率二极管的 N 极（负极）大多采用一种色圈标出，如图 2-19 所示。有些二极管也直接使用 P、N 来表示 P 极（正极）和 N 极（负极）。另外，发光二极管的正负极可从引脚长短来识别，长脚为正极，短脚为负极。

（1）稳压二极管。稳压二极管在电路中常用 ZD 加数字表示，如 ZD5 表示编号为 5 的稳压二极管，图 2-20 所示为稳压二极管。

图 2-19　用色圈标出 N 极　　　　图 2-20　稳压二极管

稳压二极管的特点是击穿后，其两端的电压基本保持不变。这样一来，当把稳压二极管接入电路以后，若由于电源电压发生波动或其他原因造成电路中各点电压变动时，负载两端的电压将基本保持不变。

（2）变容二极管。变容二极管是根据普通二极管内部 PN 结的结电容会随外加反向电压的变化而变化这一原理设计出来的一种特殊二极管，如图 2-21 所示。

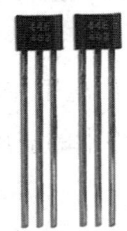

图 2-21　变容二极管

变容二极管一般用于高频调制电路中，起到将低频信号调制到高频信号上并发射出去的作用。在工作状态下，变容二极管调制电压一般加到负极上，使变容二极管的内部结电容容量随调制电压的变化而变化。

2. 三极管

三极管是一种电子器件，由半导体材料制成，具有放大、开关、检波、稳压等多种功能。它由三个电极组成，分别是基极、集电极和发射极。以 NPN 型三极管为例，电流通过基极进入，然后通过集电极和发射极流出。通过改变基极电流的大小，可以控制集电极和发射极之间的电流大小，从而实现放大和开关等功能。

（1）分类。按照不同的划分方式，三极管可分为以下几种。

1）按制造材料，三极管可分为硅管和锗管。因为锗材料的导通电压更低，所以通常锗管能工作于更低的电压。

2）按 PN 结结构，三极管可分为 PNP 型和 NPN 型，两种类型的三极管电流方向相反，既可单独用在不同的电路结构中，又可成对配合使用构成推挽电路。

3）按工作频率，三极管可分为低频管、高频管、超高频管。

4）按功率，三极管可分为小功率管、中功率管、大功率管。

5）根据封装形式，三极管可以分为贴片式三极管和分离式三极管等，常见的贴片式三极管如图 2-22 所示。

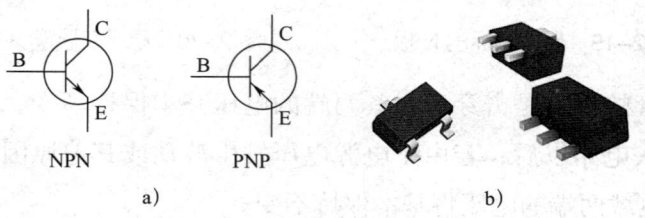

图 2-22 贴片式三极管

a）贴片式三极管原理图 b）贴片式三极管效果图

除此之外，三极管也可根据制作工艺、封装形式等进行划分，如平面管、合金管、塑封管、陶封管、金封管等。

（2）三极管的应用非常广泛，主要应用在以下电路中。

1）放大电路。三极管在放大电路中的应用最为广泛，如用于音频放大器、视频放大器等。

2）开关电路。三极管的开关作用使其成为开关电路的重要元件，如用于晶体管开关、场效应管开关等。

3）振荡电路。三极管可用于正弦波振荡电路、方波振荡电路等。

4）调制电路。三极管在调制电路中具有重要作用，可作为调制器、解调器等使用。

5）稳压电路。三极管可用于稳压电路中，如晶体管稳压器、线性稳压器等。

3. 场效应晶体管

场效应晶体管（field effect transistor，FET）简称场效应管，是一种根据半导体材料中载流子浓度变化来调节电流的电子器件，它主要由源极、漏极和栅极三个端子组成，如图 2-23 所示。在场效应管中，漏极与源极之间的电流受到栅极电压的控制，从而实现对电路中电流的控制。

图 2-23　场效应管

（1）分类。场效应管主要有两种类型：结型场效应管（junction field effect transistor，JFET）和金属氧化物半导体场效应管（metal-oxide-semiconductor field effect transistor，MOS-FET），其中 MOS-FET 最为常见且应用广泛。

（2）应用。场效应管在现代电子技术领域具有广泛的应用。

1）放大器。场效应管可用作放大器电路中的电流放大器、电压放大器等。

2）开关。场效应管具有高速、低功耗的特点，非常适合作为电子开关使用。

3）电源管理。场效应管在电源管理电路中具有重要作用，如作为低压差线性稳压器、开关稳压器等使用。

4）传感器。场效应管可以用于制作各种传感器，如压力传感器、温度传感器等。

5）射频应用。场效应管在射频电路中具有广泛应用，如作为功率放大器、低噪声放大器等使用。

学习单元 2 电路基础知识

一、电路的基本概念

电路通常由电源（或信号源）、负载和中间环节三部分组成，其功能包括电能的传输、分配与转换，以及信号的传输与处理。描述电路工作情况的主要物理量包括电流、电位、电压、电阻、电动势和端电压等。

二、电路的基本状态

1. 通路

通路又称闭合电路，是指电路中的电流正常流动的状态。在通路中，电路的起点和终点之间存在一条完整的、连续的路径，使得电子可以从电源的负极流向正极，完成电流的循环。

通路的存在是电子设备正常工作的基础。例如，当一个电路中的开关处于闭合状态时，它就形成了一个通路，电流可以从这个通路流过，从而驱动电路中的负载（如灯泡）工作。

2. 断路

断路是指电路中的电流流动路径中断，导致电流无法通过的状态。这种情况通常是由于电路中的某个连接点断开、开关处于打开状态、熔丝烧断或电路元件损坏等原因造成的。

3. 短路

短路是指电路中的电流不经过任何负载（如电阻、灯泡等）而直接从电源的一极流向另一极的现象。这种情况通常发生在电路中的某个部分发生故障时，导致电流选择了一条电阻非常低的路径。

短路会导致电流急剧增加，可能会引起电路过热、设备损坏甚至引发火灾。因此，在电路设计和维护中，通常会使用熔丝、断路器等保护元件来防止短路的发生。

三、电路的连接方式

1. 串联电路

串联电路是指电路中的组件（如电阻器、电容器、电感器等）首尾相连，形成一个单一的路径，如图2-24所示。在串联电路中，电流在每个组件上都是相同的，而电压则在各个组件之间分配。

2. 并联电路

并联电路是一种基本的电路连接方式，其中电路元件（如电阻器、电容器、灯泡等）的两端被并列连接在两个或更多的路径上，如图2-25所示。在并联电路中，电源的正负极之间有多个独立的路径，电流可以沿着这些路径流动。

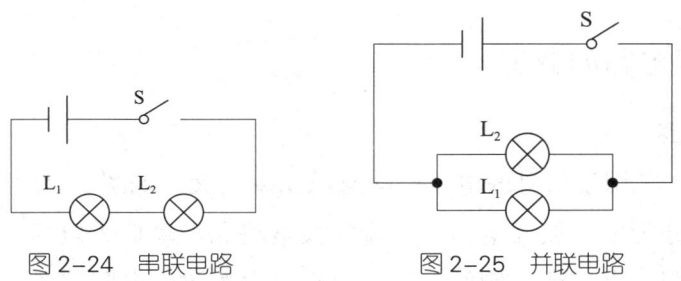

图2-24　串联电路　　　　图2-25　并联电路

学习单元3　模拟电路相关知识

一、模拟电路的定义

模拟电路是指用来对模拟信号进行传输、变换、处理、放大、测量和显示等工作的电路。模拟电路主要包括放大电路、信号运算和处理电路、振荡电路、调制和解调电路等。

模拟信号是指用连续变化的物理量表示的信息。它的特点是在时间和幅度上都是连续的，其代表信息的特征量可以在任意瞬间呈现为任意数值的信号。模拟信号可以用数学函数来表示，如正弦波、余弦波等。模拟信号可以在连续的时间范围内传输和处理，但在传输过程中会受到噪声的影响，导致信号质量下降。模拟信号在许多领域中都得到广泛应用，如通信、音频和视频处理、传感器等领域。一些常见的模拟信号波形示意图如图 2-26 所示。

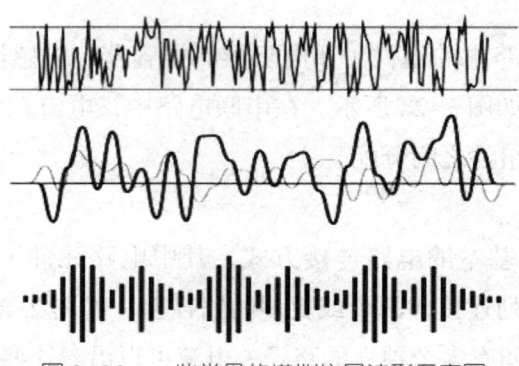

图 2-26　一些常见的模拟信号波形示意图

二、模拟电路的分类

1. 放大电路

放大电路主要用于信号的电压、电流或功率放大，如图 2-27 所示。放大电路根据作用可以分为电压放大电路、电流放大电路和功率放大电路。放大电路在计算机方面的应用非常广泛。例如，耳机、音箱中的放大电路把微小的电信号放大成能驱动扬声器的信号，显示系统中的放大电路将视频信号放大以供屏幕显示等。

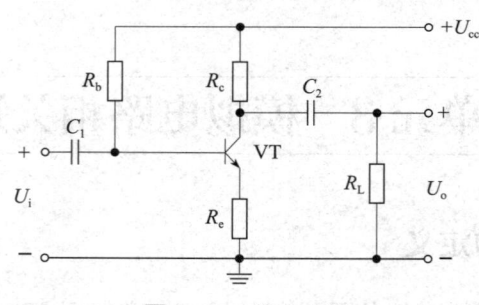

图 2-27　放大电路

2. 信号运算和处理电路

信号运算和处理电路是电子电路中的重要组成部分，它们负责对信号进行分析、转换、运算和处理，以提取有用信息或满足特定的信号处理需求。信号运算电路主要利用集成运算放大器（运放）等器件，实现信号的加法、减法、乘法、除法、积分、微分等基本运算功能，主要应用于音频放大、信号调理、自动控制等。信号处理电路主要包括了滤波、信号转换等多种处理手段，实现对信号提取、变换、分析或抗干扰等功能。信号运算和处理电路原理图如图 2-28 所示。

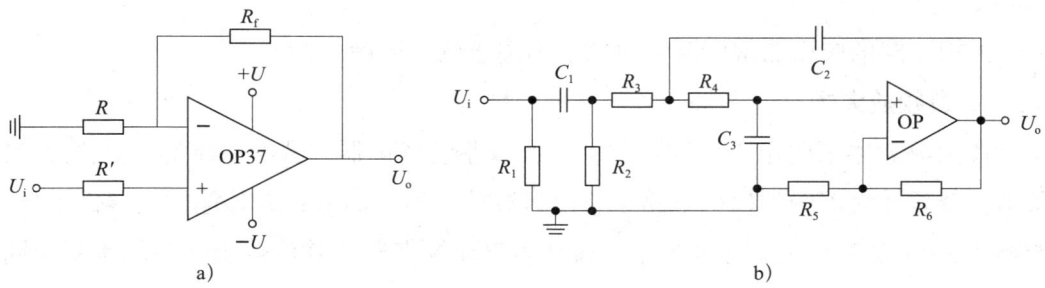

图 2-28　信号运算和处理电路原理图
a）信号运算电路原理图　b）信号处理电路原理图

3. 振荡电路

振荡电路是一种能够产生周期性振荡信号的电路，也被称为振荡器。这种电路在没有外加输入信号的情况下，能够依靠电路内部的能量转换和反馈机制，自主产生交变电流或电压。在实际应用中，振荡电路广泛存在于各种电子设备中，如无线电发射机的载波振荡器、收音机本地振荡器等。例如，在无线电通信中，振荡电路产生的载波信号用于携带信息，实现远距离的无线通信。振荡电路原理图如图 2-29 所示。

4. 调制和解调电路

调制和解调电路是现代通信系统中至关重要的组成部分，它们分别负责信号的调制和解调过程，以实现信号的有效传输和接收。调制电路是指将待传输的基带信号（如语音、图像等）转换成适合信道传输的已调信号（如调幅波、调频波、调相波等）的电路。解调电路是指将从信道接收到的已调信号还原成原始基带信号的电路。调制和解调电路原理图如图 2-30 所示。

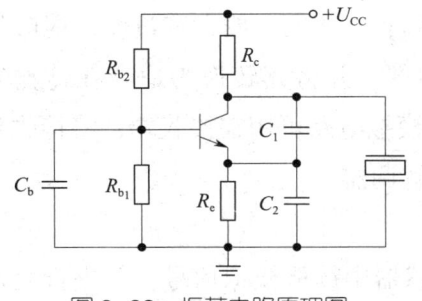

图 2-29　振荡电路原理图

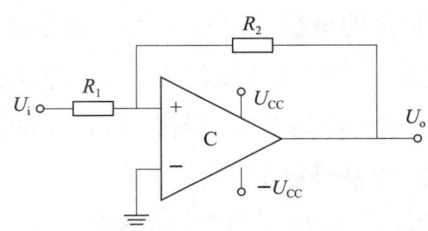

图 2-30　调制和解调电路原理图

三、模拟电路的应用

模拟电路的应用非常广泛，包括但不限于以下用途。

1. 音频放大器

音频放大器主要用于放大音频信号，以驱动扬声器、音响系统等，如图2-31所示。音频放大器中的模拟电路主要由运算放大器、晶体管或其他放大器件组成，能够将音频信号的电压或功率提升到足够驱动扬声器或其他输出设备的水平，同时尽量保持原始信号的质量和保真度。

2. 电源系统

电源系统主要用于稳定、调节电源电压和电流，以供各种电子设备和系统使用。电源系统中的模拟电路用于电压转换、稳压和滤波等，可以将交流电（AC）转换为直流电（DC），或者在不同的直流电压级别之间进行转换。此外，模拟电路还用于提供稳定的电压和电流限制，以保护系统中的其他组件免受电压波动和过载的影响。图2-32所示为使用了模拟电路的计算机电源。

图2-31 音频放大器

图2-32 计算机电源

3. 通信系统

通信系统中的模拟电路主要用于信号的调制、解调、放大和过滤，能够处理连续变化的电信号，如语音、音乐或电视图像，并将其转换为适合在传输介质（如电缆、光纤或无线信道）中传输的形式。模拟电路可用在接收端，将接收到的信号恢复为原始形式。图2-33所示的是调制解调器。

4. 传感器接口

传感器接口中的模拟电路用于从各种传感器中读取模拟信号，并进行处理和控制，起到信号调理的作用。传感器通常产生微弱或非标准的电信号，模拟电路可以放大、滤波、偏置或调整这些信号，使其适合进一步进行数字化处理，便于设备收集和显示。使用了模拟电路的数字传感器接口如图 2-34 所示。

图 2-33 调制解调器

图 2-34 数字传感器接口

5. 测量和仪器系统

数字测量仪用于测量和显示物理量，如温度、压力、电流和电压等，如图 2-35 所示。测量和仪器系统中的模拟电路主要用于信号的采集。例如，电压表、电流表和示波器等仪器内部都包含模拟电路，用于准确地测量真实的物理量的变化。

6. 模拟计算机

虽然现代计算机主要基于数字电路，但早期的计算机和一些特定用处的计算设备仍使用模拟电路进行计算。模拟计算机中的模拟电路通过模拟实际物理过程来解决问题，如控制系统的模拟、滤波器设计和信号处理等。这些电路可以处理的数据是连续的变量和函数，而不是离散的数字值。图 2-36 所示为模拟计算机。

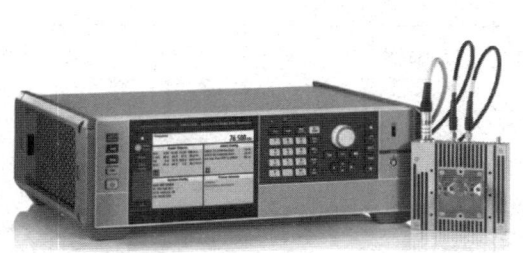

图 2-35 数字测量仪

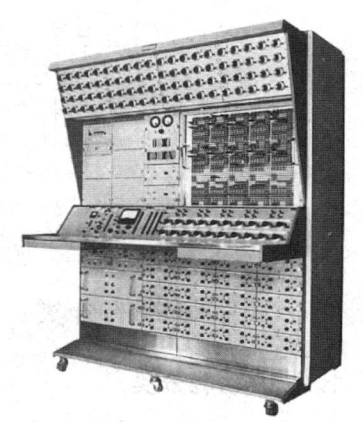

图 2-36 模拟计算机

学习单元 4 数字电路相关知识

一、数字电路的定义

数字电路是由逻辑门、触发器和其他数字逻辑元件组成的电路,如图 2-37 所示。其基本功能是进行数字信号的处理和控制,将输入的数字信号经过逻辑运算或时序控制后,输出相应的数字信号结果。

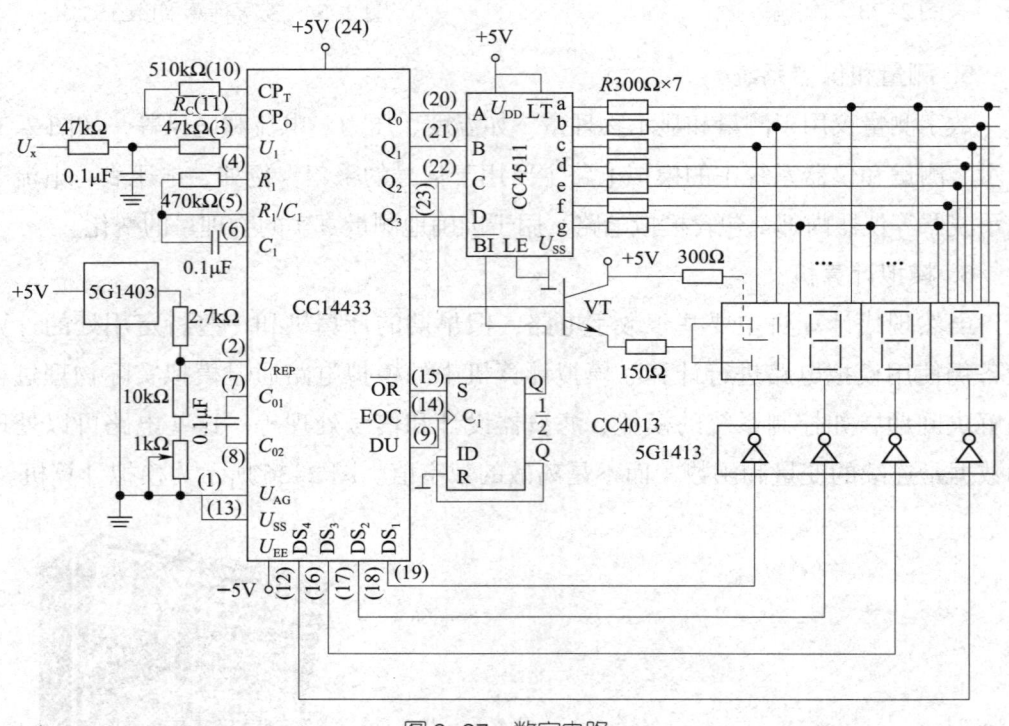

图 2-37 数字电路

二、数字电路的分类

1. 按照功能分类

数字电路按照功能可分为组合逻辑电路和时序逻辑电路两大类。

（1）组合逻辑电路。组合逻辑电路在任何时刻的输出仅取决于电路此刻的输入状态,而与电路过去的状态无关,不具有记忆功能。常用的组合逻辑器件有加法器、译码器、数据选择器等。组合逻辑电路如图 2-38 所示。

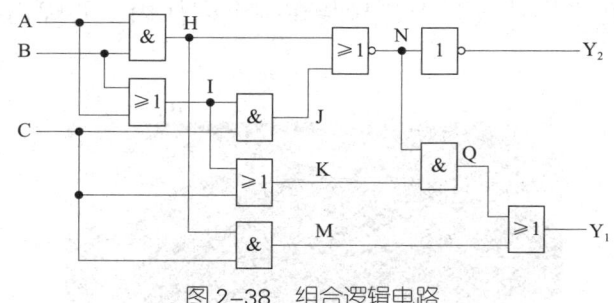

图 2-38 组合逻辑电路

（2）时序逻辑电路。时序逻辑电路在任何时刻的输出不仅取决于电路此刻的输入状态，而且与电路过去的状态有关，具有记忆功能。时序逻辑电路如图 2-39 所示。

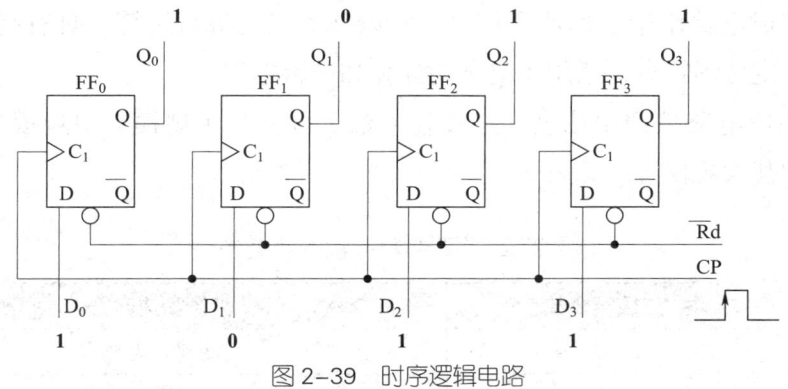

图 2-39 时序逻辑电路

2. 按照结构分类

数字电路按照结构可分为数字分立元件电路和数字集成电路。

（1）数字分立元件电路。数字分立元件电路是将独立的晶体管、电阻等元器件用导线连接起来形成的电路，如图 2-40 所示。

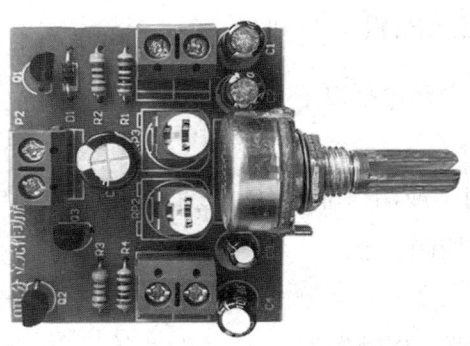

图 2-40 数字分立元件电路实物图

（2）数字集成电路。数字集成电路（digital integrated circuit，DIC）是将元器件及导线制作在半导体硅片上，封装在一个壳体内，并焊出引线的电路，如图2-41所示。

图2-41　数字集成电路

数字集成电路用于处理数字信号，它以开关状态进行运算，具有高精度、高速度和高稳定性等特点，适用于复杂的计算和逻辑控制。

数字集成电路按照集成度（三极管个数）可分为小规模、中规模、大规模、超大规模和甚大规模等，见表2-2。

表2-2　数字集成电路分类表

分类	三极管个数/个	典型集成电路
小规模	≤10	逻辑门电路
中规模	10～100	计算器、加法器
大规模	100～1 000	小型存储器、门阵列
超大规模	1 000～10^6	大型存储器、微处理器
甚大规模	≥10^6	可编程逻辑器件、多功能集成电路

三、数字电路的元器件

数字电路的元器件主要包括以下几类。

1. 逻辑门电路

逻辑门电路有与门、或门、非门等，它们是构建数字电路的基础元件，用于实现基本的逻辑运算和控制功能。

2. 触发器

触发器有RS触发器、D触发器、JK触发器等，它们用于存储和传输数字信号，是数字电路中的重要组成部分。

3. 寄存器

寄存器有移位寄存器、触发器寄存器等，它们用于存储和处理数据，广泛应用于计算机系统和数字电路中。

4. 计数器

计数器有二进制计数器、十进制计数器等，它们用于实现计数功能，广泛应用于计时、计数和控制等领域。

5. 译码器

译码器有 BCD 译码器、七段显示译码器等，它们用于将数字信号转换为物理信号，或者将物理信号转换为数字信号。

6. 编码器

编码器有 ASCII 编码器、BCD 编码器等，它们用于将物理信号转换为数字信号，或者将数字信号转换为物理信号。

7. 电源管理器件

电源管理器件有稳压器、滤波器、电容器等，它们用于提供稳定的电源供应，保证数字电路的正常工作。

8. 接口器件

接口器件有串行接口、并行接口、USB 接口等，它们用于实现数字电路与其他设备或系统的连接和通信。

9. 可编程逻辑器件（programmable logic device，PLD）

可编程逻辑器件有现场可编程门阵列、复杂可编程逻辑器件、高级可编程逻辑器件等，它们用于通信、计算机、嵌入式系统等，具有高度的灵活性，可以根据需求进行编程和重新编程，从而满足各种数字电路的设计需求。

10. 微处理器

微处理器由运算器、控制器、寄存器和时钟等部分组成，是集成了中央处理器（central processing unit，CPU）、存储器和输入/输出接口等功能的集成电路，是计算机系统中的核心部件，负责执行程序指令。

数字电路的元器件种类繁多，应用广泛，它们是现代电子技术和计算机技术的基础，为各种电子设备和系统提供了强大的支持和保障。

四、数字电路的特点

1. 同时具有算术运算和逻辑运算功能

数字电路以二进制逻辑代数为数学基础,使用二进制数字信号,既能进行算术运算,又能进行逻辑运算(与、或、非、判断、比较、处理等),因此适用于运算、比较、存储、传输、控制、决策等场景。

2. 实现简单,系统可靠

以二进制作为基础的数字电路可靠性较强。较小的电源电压波动对其没有影响。与模拟电路相比,温度和工艺偏差对其工作可靠性的影响也要小得多。

3. 集成度高,功能实现容易

集成度高、体积小、功耗低是数字电路的优点之一。随着集成电路技术的高速发展,数字电路的集成度越来越高,集成电路块的规模也从元件级、器件级、部件级、板卡级上升到系统级,不同规模的集成电路如图2-42所示。设计者只需采用一些标准的集成电路块单元就能组成数字电路。对于非标准的特殊电路,还可以使用可编程序逻辑阵列电路,通过编程的方法实现任意逻辑功能。

图2-42 不同规模集成电路
a)中小规模集成电路 b)大规模集成电路 c)超大规模集成电路

五、数字电路的基本功能

数字电路的基本功能如下。

1. 逻辑运算

数字电路能够进行逻辑运算,如与、或、非等,如图2-43所示。

2. 状态存储

数字电路能够存储和记忆逻辑状态，如触发器可以存储一个比特（即一位）的信息。数字存储器示意图如图 2-44 所示。

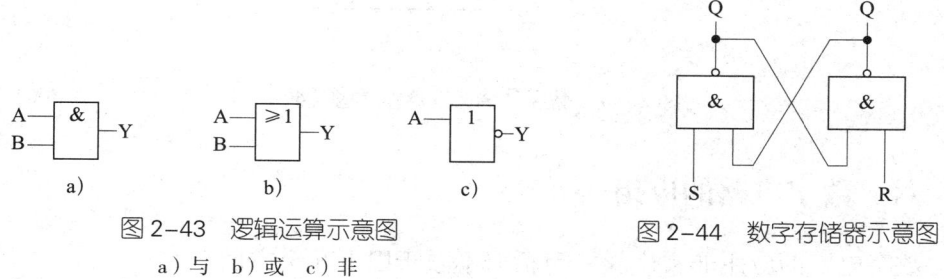

图 2-43　逻辑运算示意图
a）与　b）或　c）非

图 2-44　数字存储器示意图

3. 计数和定时

数字电路能够实现计数和定时功能，如计数器可以实现二进制计数，定时器可以产生固定的时间延迟。数字计数器示意图如图 2-45 所示。

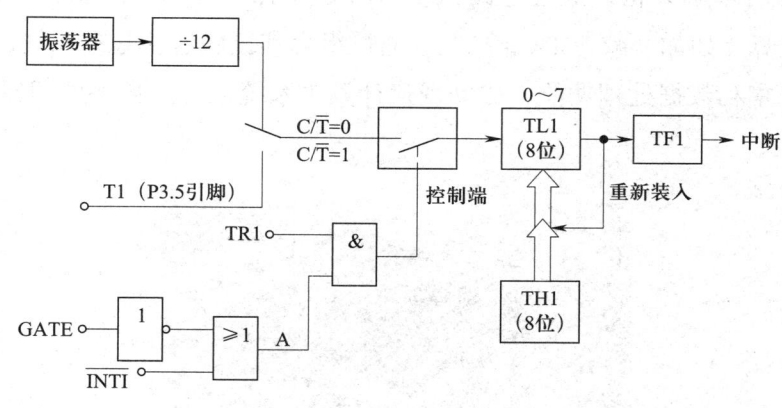

图 2-45　数字计数器示意图

4. 编码和解码

数字电路能够进行编码和解码操作，如编码器可以将数字信号转换为二进制码，解码器可以将二进制码转换为对应的输出信号。数字编码器示意图如图 2-46 所示。

5. 多路选择

数字电路能够进行多路选择操作，如数字多路选择器可以根据选择信号选

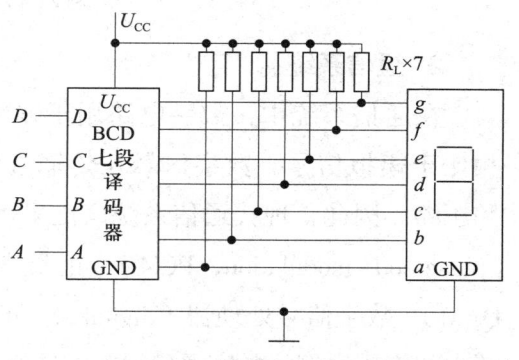

图 2-46　数字编码器示意图

择其中一个输入信号进行传输，如图2-47所示。

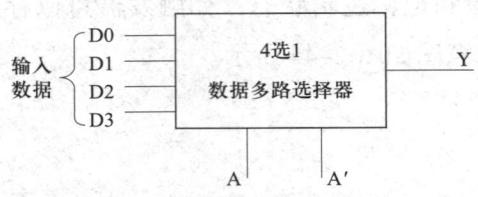

图2-47 数字多路选择器示意图（4选1）

六、数字电路的应用

数字电路的应用非常广泛，包括但不限于以下几个方面。

1. 计算机和处理器

数字电路是计算机和处理器的核心组成部分，它们使用二进制（0和1）来表示和处理信息。逻辑门、触发器、寄存器、算术逻辑单元等基本数字电路元件构成了处理器的基础架构，这些电路执行各种逻辑操作（如与、或、非、异或等）以及算术运算（如加、减、乘、除等）。通过组合和级联这些基本元件，可以实现复杂的指令集和数据处理功能，驱动现代计算机系统运行。数字处理器如图2-48所示。

图2-48 数字处理器

2. 通信系统

在通信系统中，数字电路用于编码、解码、调制、解调和错误检测纠正等。相比于模拟信号，数字信号在传输过程中更稳定，抗干扰能力更强，易于加密和压缩。因此，现代通信系统广泛采用数字信号处理技术。例如，脉冲编码调制（pulse code modulation，PCM）、正交幅度调制（quadrature amplitude modulation，QAM）、数字信号处理器（digital signal processor，DSP）等都是数字电路在通信系统中的应用实例。数字通信设备如图2-49所示。

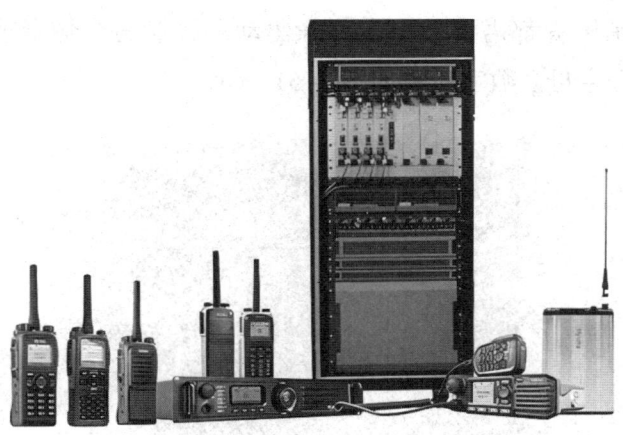

图 2-49　数字通信设备

在现代通信系统中，模拟电路和数字电路通常协同工作，共同完成信号的生成、处理、传输和接收任务。模拟电路主要处理连续的物理信号，而数字电路则负责对信号进行离散化和逻辑操作。随着技术的发展，越来越多的通信系统正在向全数字化转变，但模拟电路在某些特定环节（如射频前端、模拟滤波等）仍然具有不可替代的作用。

3. 控制系统

数字电路在控制系统中用于实现控制算法和逻辑。数字控制系统能够精确地执行预定义的控制策略，并能够适应变化的环境条件和输入信号。可编程逻辑控制器如图 2-50 所示。

图 2-50　可编程逻辑控制器

4. 数字显示

数字电路在数字显示设备中负责将数据转换为可视的数字或字符形式。例如，七段显示器、液晶显示器（liquid crystal display，LCD）、发光二极管（light emitting diode，LED）显示屏等都需要数字电路来驱动和控制每个像素或段的亮灭状态，以正确显示数字和字母。数字时钟如图 2-51 所示。

图 2-51　数字时钟

5. 仪器仪表

数字电路可用于测量和控制仪器仪表，如计时器、频率计等。

总而言之，数字电路的基本功能是进行数字信号的处理和控制，其广泛应用于计算机、通信系统、控制系统等领域。

职业模块 3
计算机基础知识

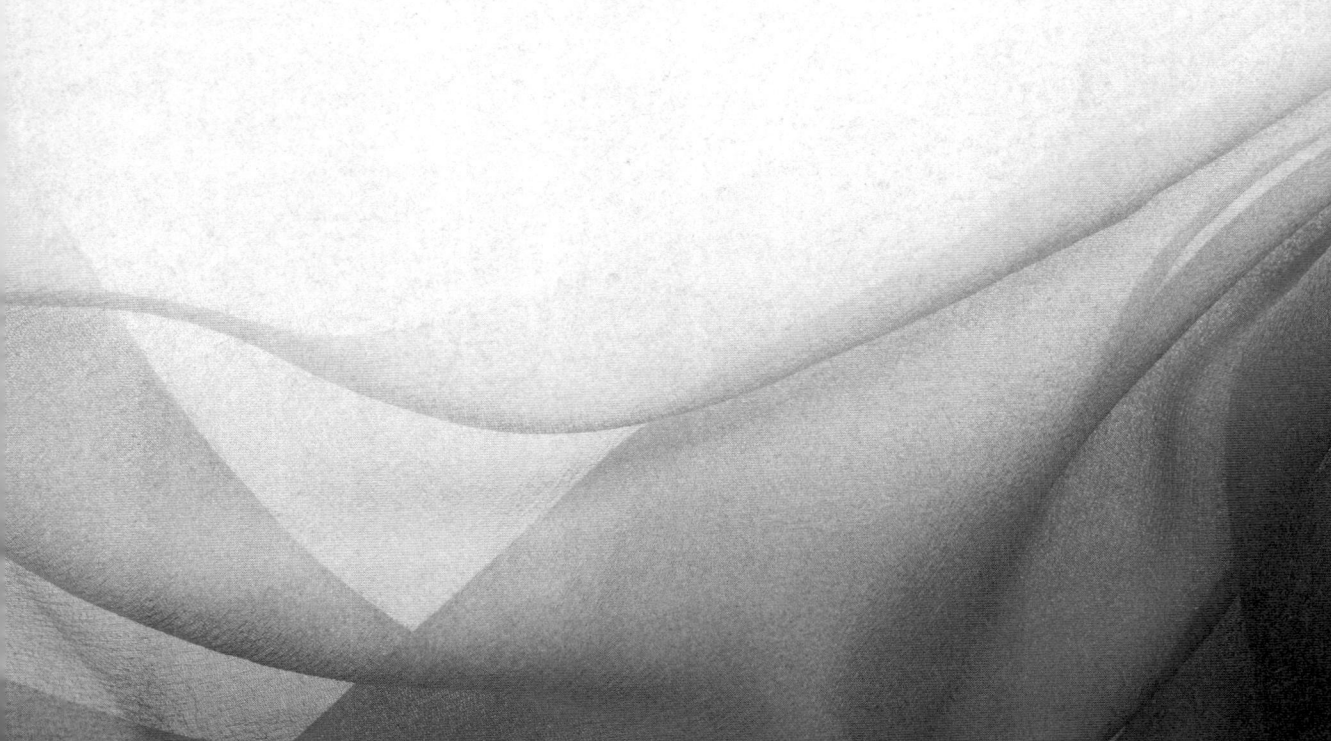

培训课程 1

计算机理论基础

学习单元 1　计算机产品的定义及发展

一、计算机产品的定义及分类

1. 定义

计算机又称电子计算机，是一种能够进行数据处理、计算和存储的电子设备。它能够按照预定的程序执行各种运算和处理任务，并且能够自动完成重复的计算和处理过程。计算机系统主要由硬件系统和软件系统两部分组成。

2. 产品分类

计算机产品可以分为台式计算机、便携式计算机、服务器、工业应用计算机和平板式计算机 5 类。

（1）台式计算机：尺寸较小，可以放在桌面上使用的微型计算机，又称台式机，如图 3-1 所示。

图 3-1　台式计算机

（2）便携式计算机：以便携性为特点，内置了输入和输出设备（如显示器、键盘等），并配备了电池模块的微型计算机，又称笔记本电脑，如图3-2所示。

图3-2　便携式计算机

（3）服务器：信息系统的重要组成部分，是信息系统中为客户端提供特定应用服务的计算机系统，由硬件系统（处理器、存储设备、网络连接设备等）和软件系统（操作系统、数据库管理系统、应用系统等）组成，如图3-3所示。

图3-3　服务器

（4）工业应用计算机：为适应工业应用，在环境适应性、安装集成、功能等方面进行了相应设计，配以工业应用功能模块及（或）外围设备，实现过程检测、监视与控制，并具有系统自恢复功能的微型计算机，如图3-4所示。

图3-4　工业应用计算机

（5）平板式计算机：一种小型、方便携带的个人计算机，以触摸屏作为基本的输入设备，又称平板电脑，如图3-5所示。

图3-5　平板式计算机

除了以上五类外，目前较为常见的还有一体式微型计算机，这是一种集显示器、主机和输入设备等多种功能于一体的计算机产品，又称一体机，如图3-6所示。

图3-6　一体机

二、知名计算机品牌

1. 联想（Lenovo）

联想是中国品牌。联想旗下的计算机产品系列包括ThinkPad品牌商用个人便携式计算机、IdeaPad品牌的消费个人计算机、服务器、工作站，以及平板式计算机在内的家用计算机等。

联想集团是一家成立于中国，业务遍及180个国家和地区的全球化科技公司。目前，联想集团核心业务由三大业务集团组成，分别为专注智能物联网的智能设备业务集团（intelligent devices group，IDG）、专注智能基础设施的基础设施方案业务集团（infrastructure solutions group，ISG），以及专注行业智能与服务的方案服务业务集团（solutions services group，SSG）。联想集团的 Logo 如图 3-7 所示。

图 3-7　联想集团的 Logo

2. 华为

华为是中国品牌，创立于 1987 年，是全球领先的 ICT（information and communications technology，信息与通信）基础设施和智能终端提供商，总部位于广东省深圳市龙岗区。华为公司的业务和产品链覆盖全面，包括手机、计算机、移动宽带终端、终端云等。华为公司于 2016 年 4 月开始量产首款笔记本电脑，其笔记本电脑主打轻薄本并与手机端形成生态，消费群体定位为白领上班族和学生，适合商务办公出行、影音娱乐等。华为公司的 Logo 如图 3-8 所示。

图 3-8　华为公司的 Logo

3. 惠普（Hewlett-Packard，HP）

惠普公司是一家总部位于美国的信息科技公司，成立于 1939 年，是全球领先的计算机及办公设备制造商。其下设三大业务集团：信息产品集团、打印及成像系统集团和企业计算机专业服务集团，产品包括打印机类、平板类、云产品类、服务器类、台式机类和笔记本类。惠普公司的 Logo 如图 3-9 所示。

图 3-9　惠普公司的 Logo

4. 戴尔（DELL）

戴尔是 1984 年创立的，以生产、设计、销售家用以及办公室计算机而闻名的公司。戴尔公司同时也涉足高端计算机市场，生产与销售服务器、数据存储设备、网络设备等。戴尔公司的 Logo 如图 3-10 所示。

图 3-10　戴尔公司的 Logo

5. 苹果（Apple）

苹果公司是一家于 1976 年 4 月 1 日创立的美国科技公司。该公司主要设计、开发和销售消费电子产品、计算机软件、在线服务和个人计算机。

该公司硬件产品主要包括 Mac 系列计算机、iPhone 系列智能手机、iPad 系列平板式计算机等；在线服务包括 iCloud、iTunes Store 和 App Store；消费软件包括 macOS 和 iOS 操作系统、iTunes 多媒体浏览器、Safari 网络浏览器，还有 iLife 和 iWork 创意和生产套件等。苹果公司的 Logo 如图 3-11 所示。

图 3-11　苹果公司的 Logo

三、计算机的发展历史与未来

1. 计算机的发展历史

古代人类使用各种工具来进行计算，如齿轮、算盘等，这些工具可以说是计算机的雏形。然而，真正意义上的电子计算机的产生要等到 20 世纪中叶。

1946 年 2 月，世界上公认的第一台电子计算机 ENIAC（electronic numerical integrator and computer，电子数字积分计算机）在美国宾夕法尼亚大学诞生。它采用电子管作为基本元器件，大约用了 18 000 个电子管、1 500 个继电器、10 000 个电容器、70 000 个电阻器，占地面积约为 170 平方米，重约 30 吨，每小时耗电 150 千瓦，每秒能进行 5 000 次加法运算，如图 3-12 所示。

图3-12 世界上第一台电子计算机ENIAC

在随后的几十年中,计算机的发展日益迅速。计算机的体积越来越小,性能也越来越强大。1981年,IBM公司推出了第一台个人计算机IBM5150,如图3-13所示,这大大推动了计算机的普及。

图3-13 第一台个人计算机IBM5150

随着计算机技术的不断进步,计算机的应用领域也越来越广泛。如今,计算机在各个领域都得到了广泛应用,包括科学研究、工业生产、商业管理、医疗保健等。计算机的发展也推动了互联网和人工智能等新兴技术的发展,进一步推动了人类社会的发展。

2. 计算机在我国的发展历史

1958年和1959年,我国先后制成第一台小型和大型电子管计算机,如图3-14所示。

图 3-14　我国第一台大型通用电子管计算机 103 机

20 世纪 60 年代中期，我国研制成功一批晶体管计算机，并配置了 ALGOL 等语言的编译程序和其他系统软件。20 世纪 60 年代后期，我国开始研究集成电路计算机。20 世纪 70 年代，我国已批量生产小型集成电路计算机。20 世纪 80 年代，我国开始重点研制微型计算机系统并推广应用，在大型计算机、巨型计算机技术方面也取得了重要进展，建立了计算机服务业，逐步健全了计算机产业结构。

1983 年，中国人民解放军国防科技大学研制成功运算速度为每秒上亿次的银河 –I 巨型机，如图 3-15 所示，这是我国高速计算机研制的重要里程碑。

图 3-15　银河 –I 巨型机

2002 年，中国科学院计算技术研究所研制成功我国第一款通用 CPU——"龙芯 1 号"芯片，如图 3-16 所示。

图3-16 "龙芯1号"芯片

2002年,曙光公司推出具有完全自主知识产权的龙腾服务器。龙腾服务器采用了"龙芯1号"CPU,采用了曙光公司和中国科学院计算技术研究所联合研发的服务器专用主板,并采用曙光Linux操作系统。该服务器是我国第一台具有完全自主知识产权的服务器。

2021年,在第五十八届全球超级计算机TOP500名单中,中国超级计算机有173台进入榜单,占比34.6%,排行第一。

3. 计算机的未来发展趋势

微型计算机在未来有着许多发展趋势,以下是一些主要的方向。

(1)尺寸缩小。随着半导体技术和材料科学的进步,微型计算机的尺寸将继续缩小,进一步提高集成度和性能。这将使得微型计算机在便携式、嵌入式和物联网等领域得到更广泛的应用。

(2)性能提升。通过不断优化处理器架构、提高运行频率、增加核心数量等手段,微型计算机的性能将进一步得到提升。这将有助于满足人工智能、大数据等高计算需求领域的快速发展。

(3)功耗降低。随着人们对环保和可持续发展的关注,微型计算机的功耗将得到有效控制。通过优化电路设计、采用低功耗技术等方法,微型计算机的能耗将进一步降低,从而提高其续航能力。

(4)人工智能融合。微型计算机将与人工智能技术深度融合,为各类场景提供更加智能化的解决方案。通过搭载先进的AI处理器和算法,微型计算机将在智能家居、自动驾驶等领域发挥重要作用。

(5)边缘计算。随着5G、物联网等技术的发展,微型计算机将越来越多地应用于边缘计算场景。通过分布式计算和数据处理,微型计算机将助力实现更快速、更智能的网络应用。

(6)多样化和定制化。随着市场需求的多样化,微型计算机将呈现出更多的形态和功能。同时，定制化的微型计算机将更好地满足特定领域和应用场景的需求。

（7）安全性能提升。随着网络安全威胁的不断增加，微型计算机将进一步强化安全性能。通过硬件加密、生物识别等技术，提高微型计算机的安全性和隐私保护能力。

（8）开源生态发展。开源硬件和软件生态将继续推动微型计算机的发展。通过开源社区的合作和创新，微型计算机领域将不断涌现出更多具有创意和实用性的产品和应用。

学习单元 2　计算机的结构与运行原理

一、计算机硬件系统的组成与主要部件

1. 计算机硬件系统的组成

计算机硬件系统由运算器、控制器、存储器（外存储器和内存储器）、输入设备和输出设备五大部件组成，如图 3-17 所示。

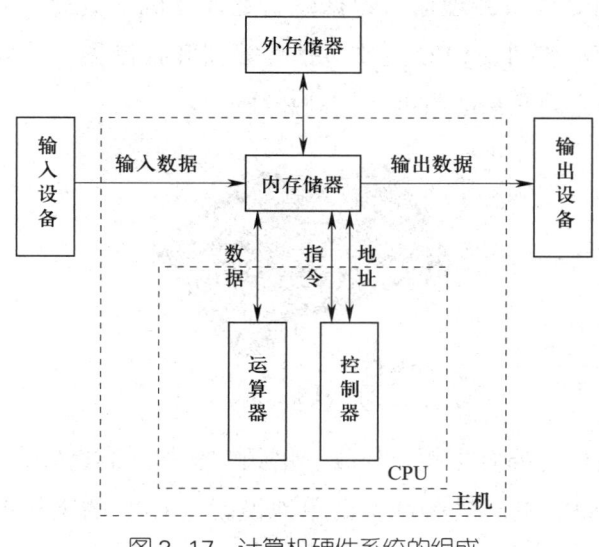

图 3-17　计算机硬件系统的组成

（1）运算器又称算术逻辑单元，用来进行算术或逻辑运算，以及移位循环等操作。

（2）控制器又称控制单元，是计算机的指挥控制中心。它负责把指令逐条从存储器中取出，经译码分析后向计算机其他部件发出取数、执行、存数等控制命令，以保证正确完成程序所要求的功能。

（3）存储器分为内存储器（简称内存）和外存储器（简称外存），是计算机的存储和记忆装置，用来存放指令、原始数据、中间结果和最终结果。

（4）输入设备和输出设备是计算机与外界进行信息交换的桥梁。

程序、信息等输入数据要通过输入设备输入计算机，处理结果等输出数据要通过输出设备输出，以便用户使用。

常用的输入设备有键盘、鼠标、扫描仪、数码相机、摄像头、触摸屏、手写板、麦克风等。

常用的输出设备有显示器、打印机、投影仪、音箱、耳机、绘图仪等。

2. 微型计算机的主要部件

微型计算机简称微机，是目前应用最广泛的一种计算机。其中，各种外部设备通过不同种类的接口连接。微型计算机的主要部件包括中央处理器（CPU）、内存储器、固态硬盘、机械硬盘、主板、显卡等。

（1）CPU。CPU是计算机硬件系统最重要的部件，如图3-18所示，其功能主要是解释计算机指令以及处理输入数据，它是计算机中负责读取指令，对指令译码并执行指令的核心部件。CPU主要包括运算器和控制器，另外还包括高速缓冲存储器及实现它们之间联系的数据、控制总线。

图3-18　CPU

CPU的性能指标主要有主频、外频、倍频、字长、高速缓存等。

1）主频是指CPU的时钟频率，简单地说就是CPU的工作频率，表示在CPU内数字脉冲信号的震荡速度。一般来说，CPU在一个时钟周期完成的指令数是固定的，所以主频越高，CPU的运行速度越快。

2）外频是系统总线的工作频率，即 CPU 的基准频率，是 CPU 与主板之间同步运行的速度。外频速度越高，CPU 就可以同时接收更多来自外围设备的数据，从而使整个系统的运行速度进一步提高。

3）倍频是指外频与主频相差的倍数。

4）字长，即在单位时间内（同一时间）能一次处理的二进制数的位数。CPU 的位数越高，运算速度就越快，处理能力也就越强。

5）高速缓存简称缓存，是用于减少 CPU 访问内存所需平均时间的部件，其容量远小于内存。

按照数据读取顺序和与 CPU 结合的紧密程度，CPU 缓存可以分为一级缓存，二级缓存和三级缓存。CPU 的缓存容量越大，计算机的处理速度越快，运行速度也越快。

目前，ARM（advanced RISC machines）架构的 CPU 广泛应用于各种平板式计算机中。其性能指标和传统 CPU 相比有些区别，如时钟频率、核心数、指令集、节能技术、内存带宽、集成度、制程工艺、生态系统、可靠性和成本等。

1）时钟频率。时钟频率是衡量 CPU 性能的一个重要指标，它决定了 CPU 执行指令的速度。时钟频率越高，CPU 每秒能执行的指令越多，运算速度也越快。

2）核心数。核心数表示 CPU 中有多少个独立的处理单元，更多的核心数意味着 CPU 可以同时处理更多的任务。但并非所有应用都能充分利用多核 CPU，因此在选择 CPU 时，需要权衡核心数与性能。

3）指令集。ARM 架构的指令集包括 ARMv8、ARMv7、ARMv6 等，不同版本的指令集支持不同的功能和性能。较新的指令集通常具有更高的性能和更低的功耗。

4）节能技术。节能技术可以帮助 CPU 降低功耗，提高电池续航能力。例如，ARM 架构的 Cortex-A 系列 CPU 采用了动态调整时钟频率和休眠模式的节能技术。

5）内存带宽。内存带宽影响 CPU 与内存之间的数据传输速度。较高的内存带宽可以提高 CPU 的运算速度和性能。

6）集成度。集成度指的是 CPU 中集成的功能模块数量。较高集成度的 CPU 可以提供更丰富的功能，降低系统成本和复杂性。

7）制程工艺。制程工艺影响 CPU 的功耗、发热和性能。较先进的制程工艺可以提高 CPU 的性能，同时降低功耗和发热。

8）生态系统。ARM 架构的生态系统包括硬件厂商、软件开发商和操作系统厂商等。丰富的生态系统意味着更多的硬件和软件支持，便于开发和部署应用。

9）可靠性。ARM架构在嵌入式领域具有较高的可靠性，一些版本还提供了错误检测和纠正功能，确保系统在恶劣环境下也能正常运行。

10）成本。ARM架构的CPU通常具有较高的性价比，比x86架构处理器的成本更低。

在日常生活中，计算机使用的CPU通常是Intel（英特尔）和AMD（超威半导体）两大厂家生产的，这两个厂家的两款比较热门的CPU实物图和参数对比分别如图3-19和表3-1所示。

a) b)

图3-19 Intel Core i9-14900K和AMD R9 9900X实物图
a）Intel Core i9-14900K b）AMD R9 9900X

表3-1 Intel Core i9-14900K和AMD R9 9900X参数对比表

参数	Intel Core i9-14900K	AMD R9 9900X
核心数	24	12
线程数	32	24
基础频率	2.4 GHz	4.4 GHz
最高频率	6.0 GHz	5.6 GHz
三级缓存	32 MB	64 MB
热设计功耗	125 W	120 W

（2）内存。内存也被称为内存储器、主存或主存储器，是计算机中用于暂时存放CPU中的运算数据以及与硬盘等外部存储器交换数据的临时存储设备，如图3-20所示。它在计算机运行过程中起着至关重要的作用，因为操作系统会将需要运算的数据从内存中调出，然后在CPU中进行运算，最后将结果传送出来。内存的运行速度直接影响着计算机的运算速度和稳定性。

内存的性能指标主要包括以下几个方面。

图 3-20　内存

1）存储速度。内存的存储速度用存取一次数据的时间来表示，单位为纳秒（ns）。存储速度越小，表明存取时间越短，速度越快。

2）容量。内存的容量越大，计算机的运行能力越强，但受到主板支持最大容量的限制。单条内存的容量有 8 GB、16 GB、64 GB、128 GB 等。主板上通常至少提供两个内存插槽，若安有多条内存，则计算机内存的总容量是所有内存容量之和。

3）延迟时间。内存的延迟时间是内存纵向地址脉冲的反应时间。延迟时间越短，表明内存对数据的反应速度越快。

4）运行频率。内存的运行频率决定了其数据传输的速度。运行频率越高，数据传输速度越快。但内存的频率需要与主板和 CPU 的速度相匹配，否则会影响计算机的整体性能。

5）接口规格有 DDR、DDR2、DDR3 和 DDR4 等。不同的接口规格有不同的性能特点，如 DDR2 相较于 DDR，可以在相同的速度下提供两倍的带宽。

6）制造工艺。制造工艺影响了内存的稳定性和功耗等性能。一般来说，制造工艺越先进，内存的性能就越好。

以下是两款常见内存的对比，如图 3-21 和表 3-2 所示。

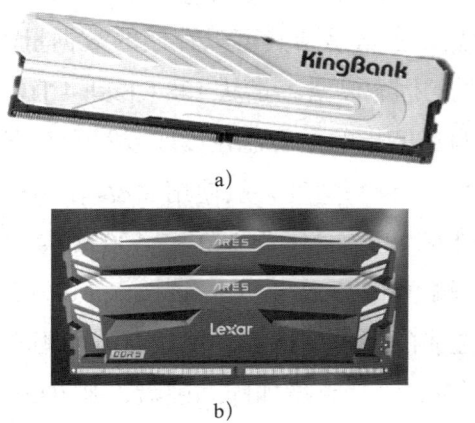

图 3-21　金百达银爵 DDR5 6000 16 GB（8 GB×2）和
雷克沙 ARES RGB DDR5 6800（16 GB×2）实物图
a）金百达银爵 DDR5 6000 16 GB（8 GB×2）　b）雷克沙 ARES RGB DDR5 6800（16 GB×2）

表 3-2 两款内存参数对比

参数	金百达银爵 DDR5 6000	雷克沙 ARES RGB DDR5 6800
内存类型	DDR5	DDR5
内存主频	6 000 MHz	6 800 MHz
内存总容量	16 GB	32 GB
内存电压	1.35 V	1.4 V

（3）固态硬盘（solid state disk 或 solid state drive，SSD）。固态硬盘是一种采用固态电子存储芯片阵列制成的硬盘，由控制单元和存储单元（FLASH 芯片、DRAM 芯片）组成，如图 3-22 所示。与传统的机械硬盘不同，固态硬盘没有机械运动部件，因此具有更快的读写速度、更低的功耗、更小的噪声和更强的抗震性。

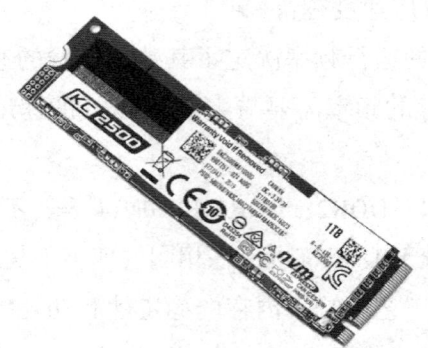

图 3-22 固态硬盘

固态硬盘的性能指标主要包括以下几个方面。

1）容量。固态硬盘的容量是指其可以存储的数据量大小，常用的单位有 GB 和 TB。目前市面上常见的固态硬盘容量从 128 GB 到 4 TB 不等。

2）读写速度。读写速度指的是硬盘在读取或写入数据时的速度，这是固态硬盘最重要的性能指标之一。读写速度一般使用 MB/s 作为单位，常见的固态硬盘读取速度为 500～3 000 MB/s，写入速度为 300～2 500 MB/s。

3）每秒的输入/输出操作次数（input/output operations per second，IOPS）。IOPS 是体现存储系统性能的最主要指标。现在主流的固态硬盘 IOPS 都在 90 K 以上，机械硬盘仍在 5 K 左右。如果增加固态硬盘，则 IOPS 就可以变多，增加一块相同的固态硬盘，IOPS 就可以翻倍。

4）带宽（吞吐量）。带宽指的是硬盘在一定时间内能够处理的数据量。它受到读写速度、缓存大小和控制器性能等因素的影响。

5）延迟。延迟是指硬盘从接收到读写请求到实际开始读写数据的时间。延迟越低，硬盘性能越好。

6）接口。固态硬盘的接口有多种，主要接口类型有 SATA3.0 接口、mSATA 接口、M.2 接口、PCI-E 接口、SATA Express 接口、U.2 接口等。

（4）机械硬盘（hard disk drive，HDD）。机械硬盘是一种利用机械原理进行数据存储和读取的设备。它主要由磁盘、磁头、磁盘主轴、串行接口等组成。机械硬盘的内部结构如图 3-23 所示。

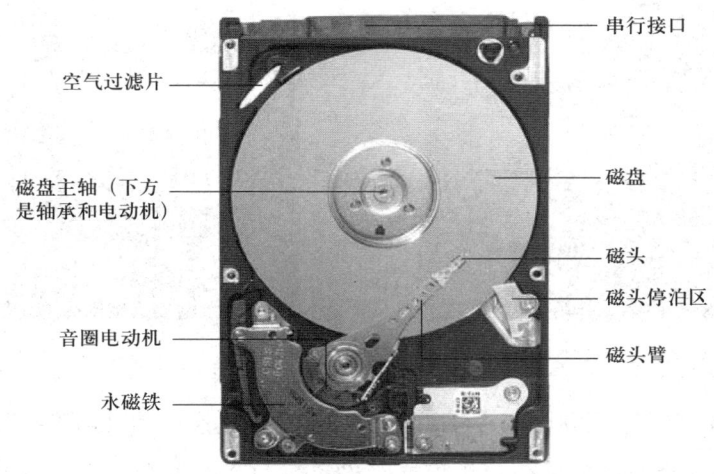

图 3-23　机械硬盘的内部结构

机械硬盘的性能指标主要包括以下几个方面。

1）容量。硬盘的存储容量以 GB 或 TB 为单位，通常在购买时，厂商标注的容量会稍微高于实际可用容量。

2）转速。硬盘的转速是指驱动硬盘盘片旋转的主轴电动机的旋转速度。常见的转速有 7 200 转 / 分钟（revolutions per minute，RPM），高端的 SCSI、SAS 和 FC 硬盘的转速可以达到 10 000～15 000 转 / 分钟。

3）平均寻道时间。平均寻道时间是指硬盘磁头移动到数据所在磁道所需要的时间，单位为毫秒（ms）。这个时间越短，表示硬盘的读写速度越快。

4）平均潜伏期。平均潜伏期是指磁头移动到数据所在的磁道后，等待所需要的数据块继续转动（半圈或多些、少些）到磁头下的时间，单位为毫秒。这个时间越短，表示硬盘的读取等待时间越短，数据传输速率越高。

5）接口。硬盘的接口类型影响其与计算机的连接方式和数据传输速率。常见的接口有 IDE、SATA、SCSI、SAS 和 FC 等。

6）缓存。硬盘的缓存大小影响其数据处理能力。

7）硬盘单碟容量。硬盘单碟容量指的是单个盘片上的存储容量。较大的单碟容量可以提高硬盘的存储能力和性能。

图 3-24 和图 3-25 所示是两款比较热门的机械硬盘，下面对这两款硬盘进行简单的对比分析。

图 3-24　东芝 P300 系列　　　图 3-25　西部数据紫盘系列

规格方面，东芝 P300 系列为 2TB、7 200 转 / 分钟，而西部数据紫盘系列为 4TB、5 400 转 / 分钟。可见在容量方面，西部数据紫盘系列具有更大的存储空间。

技术方面，东芝 P300 系列采用 CMR（conventional magnetic recording，传统磁记录）技术，而西部数据紫盘系列采用 SMR（shingled magnetic recording，叠瓦式磁记录）技术。CMR 技术可以提供更快的读写速度和更稳定的性能，而 SMR 技术则可以提供更大的存储空间。根据使用需求的不同，可以选择更适合自己的硬盘。

性能方面，由于采用的技术不同，两款硬盘的性能也有所不同。东芝 P300 系列具有较高的读写速度和稳定性，更适合作为系统盘或者存储重要数据。而西部数据磁盘系列具有较大的存储空间，更适合用于需要大量存储的应用场景，如视频编辑、图形处理等。

价格方面，东芝 P300 系列的价格相对较高，而西部数据紫盘系列的价格相对较低。如果需要大容量存储且预算有限，可以选择西部数据紫盘系列。

（5）主板。主板又叫主机板或母板，是微型计算机最基本的也是最重要的部件之一。以 LGA775 主板为例，该主板由北桥芯片、南桥芯片、BIOS 芯片、CMOS 芯片、CPU 插槽、内存插槽、总线扩展槽、风扇固定架、外设接口、二级缓存、

CMOS 电池、前面板接口插针、电源插槽等组成，如图 3-26 所示。主板是计算机各部件相互连接的纽带和桥梁。

图 3-26　LGA775 主板

1）北桥芯片、南桥芯片。北桥芯片、南桥芯片是计算机主板上的芯片组组成部分，它们在系统架构中扮演着不同的角色。

北桥芯片是传统计算机主板芯片组中的一个重要组件，负责处理计算机内存和图形显示的相关任务，如图 3-27 所示。北桥芯片通常集成了内存控制器，负责协调 CPU 和系统内存之间的数据传输。此外，北桥芯片还负责管理高速图形总线（如 PCI-E）以及其他高速设备的连接。

图 3-27　北桥芯片

南桥芯片是主板芯片组中的另一个重要组件，主要负责管理和控制与输入输出相关的设备，如图 3-28 所示。南桥芯片通常包括多个 SATA 接口、USB 接口、网卡、音频接口、扩展卡槽等。南桥芯片的主要任务是与外部设备进行交互，并管理数据传输和控制信号。

随着技术的发展，现代计算机主板芯片组已经趋向于集成化，将北桥芯片和南桥芯片的功能融合到一个单一的芯片中。现代计算机主板上往往仅能看到 PCH 这一集成了南北桥大部分功能的单一芯片组件，PCH 芯片取代了传统意义上的南桥芯片，并且整合了更多原本属于北桥芯片的功能，如图 3-29 所示。

图 3-28　南桥芯片

图 3-29　PCH 芯片

2）CPU 插槽。CPU 插槽是 CPU 与主板连接的部分，如图 3-30 所示。

a)

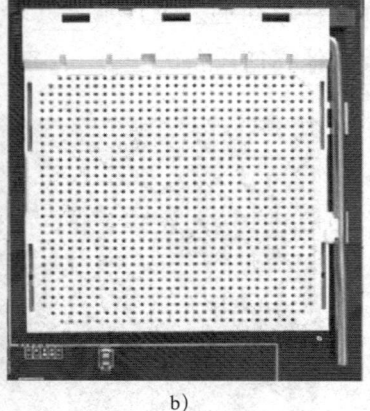
b)

图 3-30　CPU 插座
a）Intel LGA 1700 插座　b）AMD Socket AM3 插座

3）内存插槽。内存插槽包括 SDRA、DDR 等不同类型，用于安装内存条，DDR4 内存插槽如图 3-31 所示。

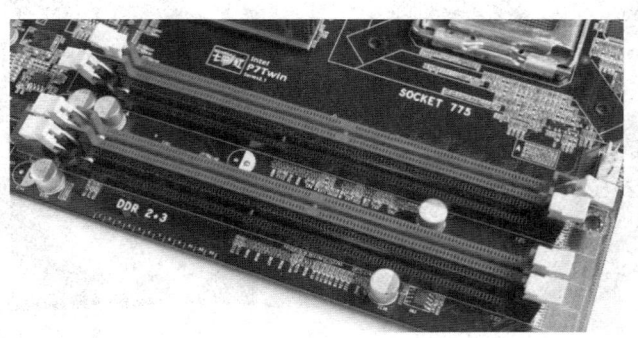

图 3-31　DDR4 内存插槽

4）各类板卡插槽，这些插槽用于扩展设备接口，如 PCI、PCI-E 插槽等，如图 3-32 所示。

5）BIOS 芯片。BIOS 芯片是一块方块状的存储器，里面存有与该主板搭配的基本输入输出系统程序，能够让主板识别各种硬件，还可以设置引导系统的设备，调整 CPU 外频等，如图 3-33 所示。

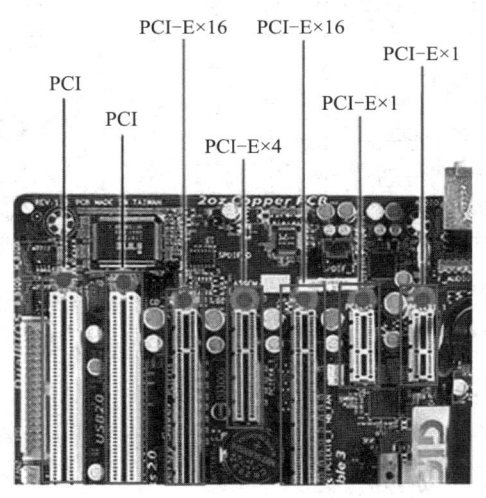

图 3-32　PCI 及 PCI-E 插槽

图 3-33　BIOS 芯片

6）SATA 接口是一种用于连接硬盘驱动器、光驱和其他外部存储设备的接口，如图 3-34 所示。

7）电源插槽为主板及插卡提供直流电源，如图 3-35 所示。

图 3-34　SATA 接口（浅色为 SATAII、深色为 SATAIII）

图 3-35　电源插槽

8）I/O 接口。I/O 接口包括键盘、鼠标、硬盘、光驱等设备的接口，如图 3-36 所示。

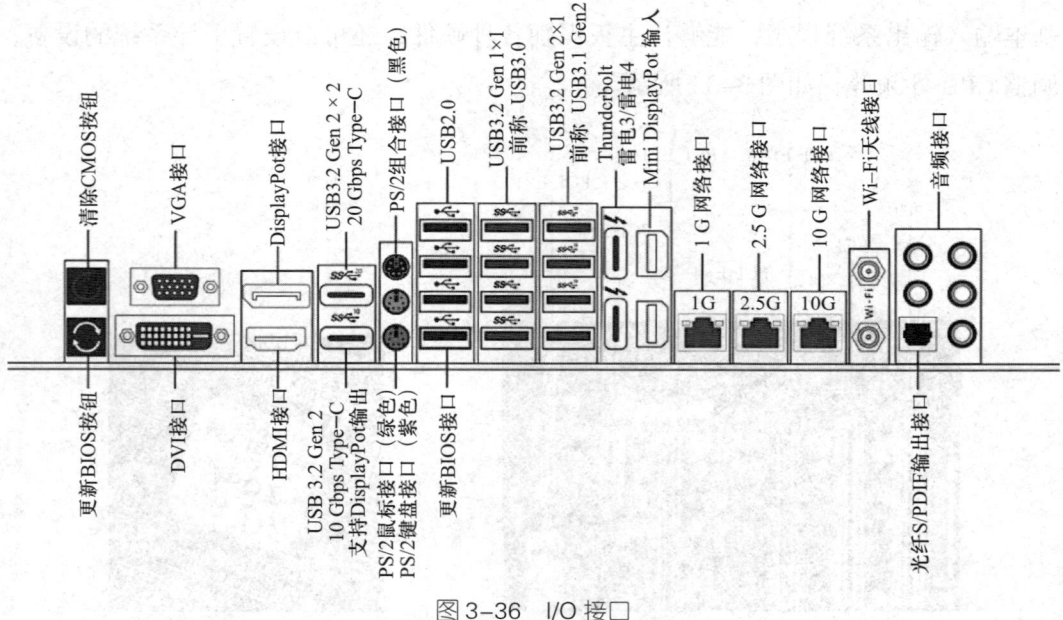
图 3-36　I/O 接口

以上就是主板的主要组成部分，它们共同协作，构成了计算机的核心电路系统。

选择主板时，通常根据处理器类型、扩展性、性能以及价格等因素进行综合对比。图 3-37 和图 3-38 所示是两款常见的主板，分别是微星 B550M PRO-VDH

WIFI 和华硕 B360M-PLUS GAMING，下面对二者的性能和参数进行对比。

图 3-37　微星 B550M PRO-VDH WIFI　　　图 3-38　华硕 B360M-PLUS GAMING

处理器兼容方面，微星 B550M PRO-VDH WiFi 使用的是 AMD 的 B550 CPU 插槽，这是一款专为 AMD Ryzen 处理器设计的中高端主板芯片组，支持 AMD 的 AM4 插槽处理器。华硕 B360M-PLUS GAMING 使用的是 Intel 的 LGA 1151v2 CPU 插槽，这是为 Intel 第 8、9 代处理器设计的主板，支持 Intel 的 LGA 1151v2 插槽处理器。

主板扩展性方面，微星 B550M PRO-VDH WiFi 在 PCI-E 插槽、M.2 插槽和 SATA 接口方面提供了更多的扩展空间，适合需要多扩展接口的用户。华硕 B360M-PLUS GAMING 的扩展性相对较差，但仍然提供了一些基本的 PCI-E 插槽、M.2 插槽和 SATA 接口。

在性能方面，微星 B550M PRO-VDH WiFi 支持 AMD Ryzen 处理器，因此在多核处理方面性能较强，适合进行需要高计算能力的任务，如游戏、渲染等。而华硕 B360M-PLUS GAMING 支持 Intel 处理器，在单核处理方面性能较强，适合进行常规办公、网页浏览等任务。

在价格方面，微星 B550M PRO-VDH WiFi 的价格相对较高，但考虑到其强大的多核处理能力，对于需要进行高性能任务的用户来说可能值得投资。华硕 B360M-PLUS GAMING 的价格则相对较低，适合预算有限的用户。

总的来说，微星 B550M PRO-VDH WiFi 和华硕 B360M-PLUS GAMING 两款主板各有千秋。如果使用 AMD 处理器且需要多扩展接口，可以选择微星 B550M PRO-VDH WiFi；如果使用 Intel 处理器且预算有限，可以选择华硕 B360M-PLUS

GAMING。

（6）显卡（graphic card）。显卡是计算机中用于处理图形图像信息的硬件设备。它在计算机系统中发挥着重要作用，主要负责将计算机生成的图像信号转换为显示器可以显示的图像。显卡的核心部分是图形处理器（graphics processing unit，GPU），它负责执行各种图形计算任务，如三维建模、动画制作、视频处理等。按照性能和用途划分，显卡可以分为集成显卡、独立显卡和核芯显卡。集成显卡和独立显卡如图 3-39 所示。

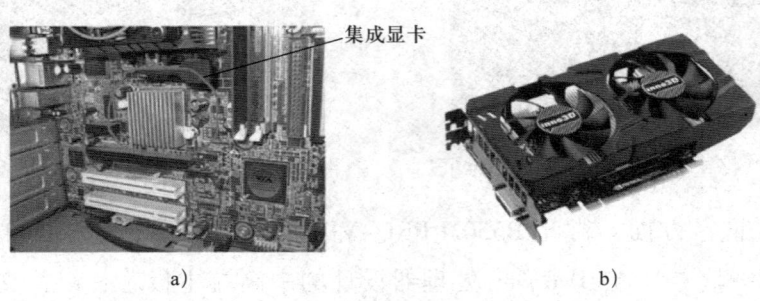

图 3-39　集成显卡和独立显卡
a）集成显卡　b）独立显卡

显卡的性能指标主要包括显卡芯片、显存、核心处理能力、显卡散热、接口类型等。

1）显卡芯片。显卡所采用的芯片决定了其性能和档次。目前主流显卡芯片主要由英伟达（NVIDIA）和 AMD 两大厂商制造。显卡芯片的性能体现在频率、光栅数量、流处理器数量等方面。

2）显存。显存又称为帧缓存，用于存储显卡芯片处理过或即将提取的数据。显存的性能主要体现在显存型号、显存频率、显存位宽、显存容量等方面。一般来说，显存频率越高、位宽越宽、容量越大，显卡性能越强。目前，主流的显存类型包括 GDDR3 和 GDDR5。

3）核心处理能力包括核心频率、显存位宽、数据带宽、光栅数量、流处理器数量等。一般来讲，这些指标的数值越大，显卡性能越强。

4）显卡散热。显卡散热风扇的尺寸和性能对于显卡的稳定运行至关重要。风扇越大，散热性能越好。如果显卡在工作时能保持较低的温度，有利于延长显卡的使用寿命。

5）接口类型。显卡的接口类型影响到与主板的兼容性和传输速率。目前主流的接口类型是 PCI-E。

集成显卡和独立显卡在性能、功耗和发热以及价格等方面存在明显的差异。集成显卡性能较弱，适合一般日常使用和用于一些简单的图形处理任务，而独立显卡具有更强大的性能，适用于高端游戏和复杂的图形处理任务，表 3-3 是两款比较热门的显卡的参数对比。

表 3-3　Intel UHD Graphics 770 和 NVIDIA GeForce RTX 3060 Ti 的参数对比

参数	Intel UHD Graphics 770	NVIDIA GeForce RTX 3060 Ti
类型	集成显卡	独立显卡
制造工艺	14 nm++	8 nm
CUDA 核心数	—	4 864
Tensor 核心数	—	184
RT 核心数	—	38
显存容量	—	8 GB GDDR6
显存位宽	—	256 bit
显存带宽	—	448 GB/s
核心频率	—	1 410 MHz
显存频率	—	14 000 MHz
功耗	低功耗	170 W

二、计算机软件系统组成

计算机软件系统是计算机系统的重要组成部分，是为运行、维护、管理、应用计算机而编制的所有程序和支持文档的总和。计算机软件随硬件技术的发展而发展，软件的不断发展与完善又促进了硬件的发展。计算机软件系统由系统软件和应用软件两大类组成，如图 3-40 所示。

1. 系统软件

系统软件是运行、管理、维护计算机的基本软件，其主要功能是管理、监控和维护计算机资源（包括硬件和软件），以及开发应用软件。系统软件主要包括如下几种。

（1）操作系统。操作系统是控制与管理计算机硬件与软件资源、合理组织计算机工作流程、提供人机界面以方便用户使用计算机的程序的集合。常见的操作系统软件主要包括以下几种。

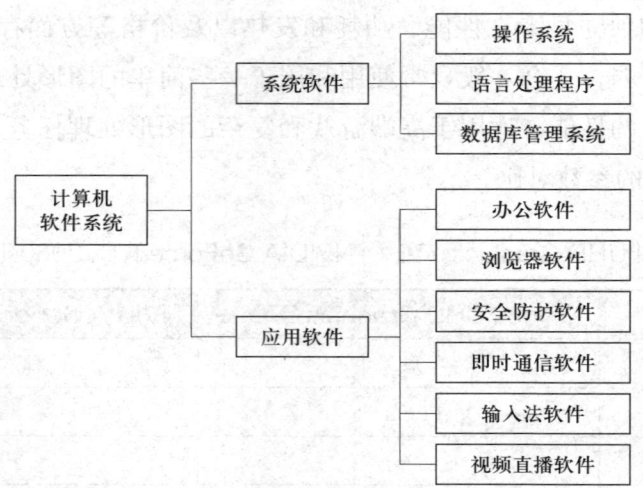

图 3-40　计算机软件系统的组成

1）Windows 操作系统。Windows 操作系统是由美国微软公司研发的一套操作系统，首次发布于 1985 年。该操作系统起初是为运行在 MS-DOS 下的桌面环境而设计的。随着时间的推移，Windows 操作系统发展出了多个版本，主要分为个人计算机和服务器两个领域。

在个人计算机领域，Windows 操作系统的版本包括 Windows 11、Windows 10、Windows 8、Windows 7、Windows Vista、Windows XP 等。在服务器领域，Windows 操作系统的版本包括 Windows Server 2022、Windows Server 2019、Windows Server 2016、Windows Server 2012、Windows Server 2008 等。此外，另有 Windows PE（WinPE），其为一个小型操作系统，用于安装、部署和修复 Windows 桌面版、Windows Server 和其他 Windows 操作系统。Windows 11 桌面如图 3-41 所示。

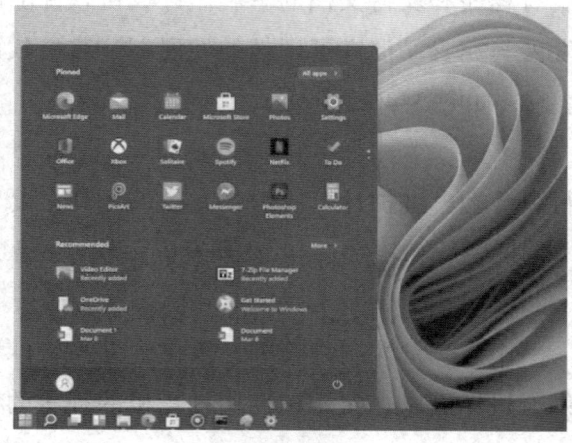

图 3-41　Windows 11 桌面

Windows 操作系统可以在多种平台上运行，如个人计算机、移动设备、服务器和嵌入式系统等。在个人计算机领域，Windows 操作系统是最常见的计算机操作系统。

2）UNIX 操作系统。UNIX 操作系统最初于 1969 年由美国贝尔实验室开发。UNIX 操作系统的特点包括强大的命令行界面、高度可定制性、稳定性和安全性。它是一种多用户、多任务、分时操作系统，广泛应用于服务器、超级计算机和嵌入式系统等领域。

UNIX 操作系统基于开放源代码的原则，拥有庞大的社区支持，产生了许多变种和衍生版本，其中最著名的包括 BSD、Linux 和 Mac OS X 等。UNIX 操作系统桌面如图 3-42 所示。

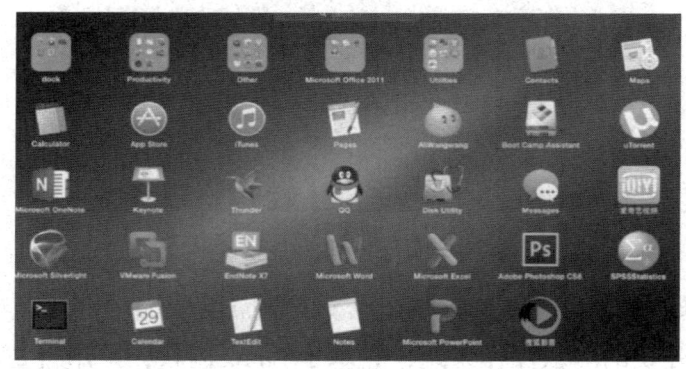

图 3-42　UNIX 操作系统桌面

3）Linux 操作系统。Linux 操作系统是一个免费、开源的类 UNIX 操作系统。它最初由芬兰程序员林纳斯·本纳第克特·托瓦兹在 1991 年创立，是一个多用户、多任务、支持多线程和多 CPU 的操作系统。它能运行主要的 UNIX 操作系统的工具软件、应用程序和网络协议。目前，它已经发展成了一个庞大的生态系统，涵盖了服务器、嵌入式设备、超级计算机等多个领域。

Linux 操作系统有众多不同的发行版，如 Debian、Ubuntu、Fedora、CentOS 等。这些发行版针对不同的用户需求和场景进行优化，涵盖了桌面、服务器、嵌入式等各种领域。Linux 操作系统桌面如图 3-43 所示。

4）深度操作系统（Deepin）。Deepin 是基于 Debian 的 Linux 操作系统发行版，由我国深度科技团队开发。深度操作系统是一款面向全球用户的免费、开源的操作系统，具有界面美观、易用性强、硬件兼容性好等特点，受到了许多 Linux 操作系统用户的喜爱。Deepin V15.11 桌面如图 3-44 所示。

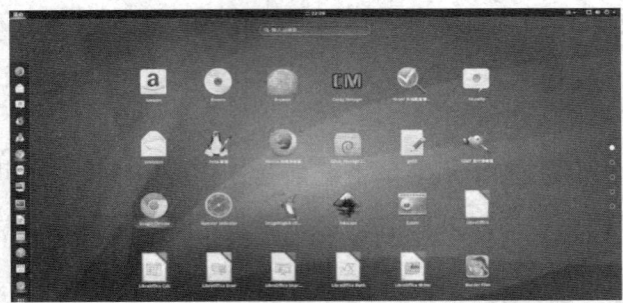

图 3-43　Linux 操作系统桌面

图 3-44　Deepin V15.11 桌面

5）红旗操作系统（Red Flag Linux）。红旗操作系统是由北京中科红旗软件技术有限公司开发的一款操作系统，它基于 Linux 内核，采用自主设计的用户界面，具有较强的兼容性和稳定性。红旗操作系统旨在满足个人和企业用户的需求，支持多种硬件平台，如 x86、ARM 等；可以兼容多种国内外软硬件产品，如 Microsoft Office、Adobe Reader 等，并提供了丰富的开源软件和商业软件，涵盖了办公、图形处理、多媒体娱乐等多个领域。红旗操作系统 9 桌面如图 3-45 所示。

6）银河麒麟操作系统（Kylin OS），又称麒麟操作系统。银河麒麟操作系统是我国自主研发的一款面向桌面应用的操作系统，它基于开源的 Linux 内核，采用独立研发的桌面环境以及办公软件等组件，具有中文支持、兼容性强、安全性高、易用性强等特点。银河麒麟操作系统是我国在信息技术领域的重要成果，对于推动我国操作系统产业发展、提

图 3-45　红旗操作系统 9 桌面

高国家信息安全水平具有重要意义。银河麒麟操作系统桌面如图 3-46 所示。

7）统信操作系统（UOS）。统信操作系统是一款我国自主研发的操作系统，它基于 Linux 内核，采用 Deepin 桌面环境，适用于个人计算机、服务器和企业级应用。UOS 旨在提供一款安全、稳定、易用的操作系统，以满足不同用户的需求。统信操作系统桌面如图 3-47 所示。

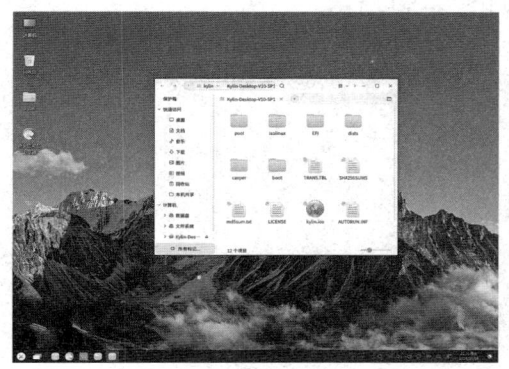

图 3-46　银河麒麟操作系统桌面

图 3-47　统信操作系统桌面

8）鸿蒙操作系统（HarmonyOS）。鸿蒙操作系统是华为自主研发的一款面向全场景的分布式操作系统。它旨在为不同设备的智能化互联提供解决方案，以实现跨平台应用的无缝衔接，提升用户体验。鸿蒙操作系统界面如图 3-48 所示。

图 3-48　鸿蒙操作系统界面

9）iOS。iOS 是由苹果公司开发的移动操作系统，最初用于 iPhone，后来陆续用于 iPod touch 和 iPad。此外，苹果公司还发布了运用于个人计算机的操作系统 macOS，macOS 是基于 XNU 混合内核的图形化操作系统。iOS 与 macOS 一样，属于类 UNIX 的商业操作系统。iOS 16 界面如图 3-49 所示。

10）安卓操作系统（Android）。安卓操作系统是谷歌公司推出的一种基于 Linux 操作系统的自由及开放源代码的操作系统，发布于 2007 年，主要应用于智能手机和平板计算机等移动设备。Android 由操作系统、中间件、用户界面和应用软件组成，并由谷歌公司与多家硬件制造商、软件开发商及电信运营商组建的开放手机联盟共同研发改良。Android 13 界面如图 3-50 所示。

图 3-49　iOS 16 界面

图 3-50　Android 13 界面

（2）语言处理程序。语言处理程序一般包括汇编程序、编译程序、解释程序和相应的操作程序。其作用是将高级语言源程序翻译成计算机能识别的目标程序。

（3）数据库管理系统（database management system，DBMS）。DBMS 是一种操纵和管理数据库的大型软件，用于建立、使用和维护数据库。它对数据库进行统一的管理和控制，以保证数据库的安全性和完整性。用户通过 DBMS 访问数据库中的数据，数据库管理员也通过 DBMS 进行数据库的维护工作。它可以支持多个应用程序和用户用不同的方法在同一时刻或不同时刻去建立、修改和访问数据库。大部分 DBMS 提供数据定义语言（data definition language，DDL）和数据操作语言（data manipulation language，DML），供用户定义数据库的模式结构与权限约束，实现对数据的追加、删除等操作。

2. 应用软件

与系统软件不同，应用软件是指为了一定的业务需要而开发的用户软件。常用应用软件主要包括办公软件、浏览器软件、安全防护软件、即时通信软件、输入法软件、视频直播软件等。

（1）办公软件。办公软件是指可以进行文字处理、表格制作、演示文稿制作、图形图像处理、简单数据库处理等工作的软件。

1）WPS Office。WPS Office 是由北京金山办公软件股份有限公司于 1989 年自主研发的一款办公软件套装。其可以实现文字、表格、演示、PDF 阅读等多种功能，具有内存占用低、运行速度快、云功能多、插件多、免费提供在线存储空间及文档模板等优点，其最新版本 WPS365 如图 3-51 所示。

图 3-51　WPS365 组件

2）Microsoft Office。Microsoft Office 是一套由微软公司开发的办公软件套装，包括许多功能强大的应用程序，可以帮助用户更高效地完成各种工作任务。其主要包括 Word、Excel、PowerPoint、Outlook、Access、Publisher、OneNote 等组件，如图 3-52 所示。

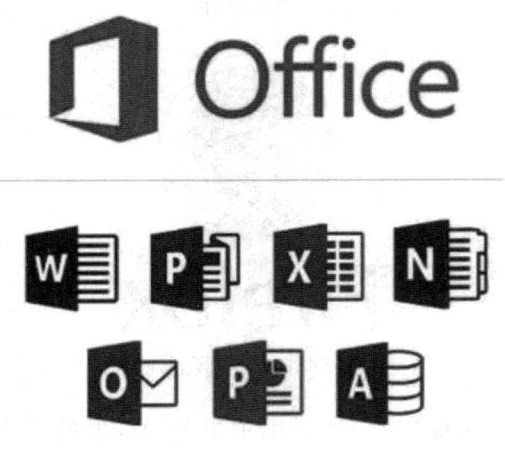

图 3-52　Microsoft Office 组件

此外，Microsoft Office 还有相应的移动端应用，方便用户在手机和平板设备上使用。近年来，微软公司还推出了 Microsoft 365 服务，这是一款云端办公套件，用户可以通过订阅的方式在线使用 Microsoft Office 应用程序。

（2）浏览器软件。浏览器软件是用来检索、展示及传递 Web 信息资源的应用程序。Web 信息资源由统一资源标识符（uniform resource identifier，URI）所标记，可以是一张网页、一张图片、一段视频，或者任何在 Web 上所呈现的内容。使用者可以借助超级链接，通过浏览器浏览互相关联的信息。常用的浏览器软件有以下几种。

1）谷歌浏览器（Google chrome）。谷歌浏览器是由谷歌公司开发的浏览器，它功能强大，支持各种插件，同步功能便捷，适用于 Windows、macOS、Linux、Android 和 iOS 等操作系统，如图 3-53 所示。

图 3-53　谷歌浏览器 Logo

2）火狐浏览器（Firefox）。火狐浏览器是由 Mozilla 基金会开发的免费开源网页浏览器，拥有较高的安全性和性能，支持插件扩展，适用于 Windows、macOS、Linux 和 Android 等操作系统，如图 3-54 所示。

图 3-54　火狐浏览器 Logo

3）Safari 浏览器。Safari 浏览器是由苹果公司开发的浏览器，内置在 macOS 和 iOS 中，具有优秀的性能和隐私保护功能，如图 3-55 所示。

图 3-55　Safari 浏览器 Logo

4）Microsoft Edge 浏览器。Microsoft Edge 浏览器是由微软公司开发的浏览器，基于 Chromium 内核，拥有良好的兼容性和速度，适用于 Windows、macOS、Android 和 iOS 等操作系统，如图 3-56 所示。

图 3-56　Microsoft Edge 浏览器 Logo

5）Opera 浏览器。Opera 浏览器是由 Opera Software ASA 公司开发的浏览器，拥有内置广告拦截、VPN 等功能，适用于 Windows、macOS、Linux、Android、iOS 等操作系统，如图 3-57 所示。

图 3-57　Opera 浏览器 Logo

6）360 安全浏览器。360 安全浏览器是由北京奇虎科技有限公司开发的一款十分受欢迎的浏览器，基于 Chromium 内核，提供各种便捷功能，适用于 Windows、Android、iOS 等操作系统，如图 3-58 所示。

图 3-58　360 安全浏览器 Logo

7）搜狗浏览器。搜狗浏览器是由搜狗公司开发的浏览器，基于 Chromium 内核，支持各种插件，适用于 Windows 操作系统，如图 3-59 所示。

图 3-59　搜狗浏览器 Logo

8）UC 浏览器。UC 浏览器是由阿里巴巴集团开发的浏览器，适用于 Windows、Android、iOS 等操作系统，提供丰富的资讯和个性化功能，如图 3-60 所示。

图 3-60　UC 浏览器 Logo

（3）安全防护软件。安全防护软件通常包括多个组件，如防火墙、杀毒软件、反间谍软件等。比较常见的有联想电脑管家、360 安全卫士、卡巴斯基、迈克菲、火绒安全等。

（4）即时通信软件。即时通信软件是一种用于实时交流和通信的软件，它可以让用户通过网络或其他通信方式进行即时通信，包括文字、语音、视频等多种形式。常见的即时通信软件有微信、QQ、Skype 等。

（5）输入法软件。输入法软件是计算机中用于输入文字的重要工具，它能够将用户输入的字符转换为计算机可以识别的编码，从而让用户能够轻松地输入各种语言和符号。输入法软件通常具有多种输入方式，如拼音、五笔、手写等，以满足不同用户的需求。常见的输入法软件有搜狗输入法、百度输入法、QQ 输入法、极品五笔输入法、万能五笔输入法等。

（6）视频直播软件。视频直播已经成为现代社会中越来越受欢迎的一种社交和娱乐形式。视频直播软件让用户既可以实时观看其他人的直播，也可以自己直播，分享自己的生活、才艺等。视频直播软件的种类繁多，常见的主要有抖音、快手、优酷、爱奇艺、腾讯视频等。

三、计算机基本运行原理

计算机基本运行原理是由冯·诺依曼于1946年提出的，称为冯·诺依曼原理，也称为存储程序原理。该原理认为，计算机的运行过程可以分为两个部分：程序控制和数据处理。程序控制部分负责控制计算机的操作，包括指令的读取、执行和跳转等；数据处理部分负责对数据进行运算和处理。计算机的存储器用于存储程序和数据，处理器则根据指令对数据进行操作。计算机基本运行原理示意图如图3-61所示。

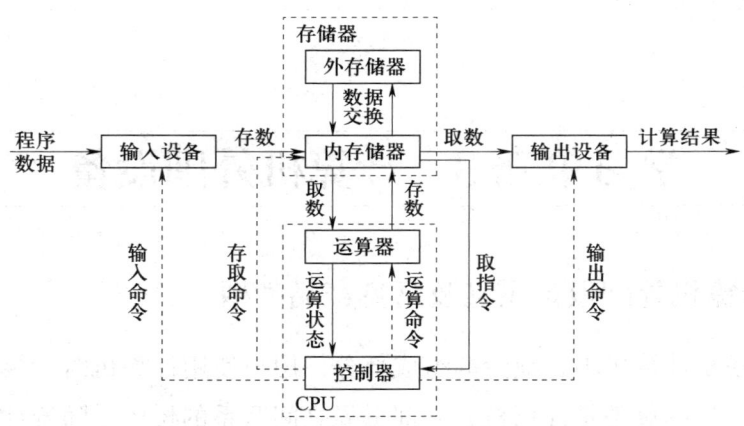

图3-61 计算机基本运行原理示意图

计算机在运行时，先从内存储器中取出第一条指令，通过控制器译码，按指令的要求从存储器中取出数据，进行指定的运算和逻辑操作等加工，然后再按地址把结果送到内存储器中去。接下来，再取出第二条指令，在控制器的指挥下完成规定操作，依次进行下去，直至遇到停止指令为止。程序运作与数据存取相同，按程序编排的顺序，一步一步地取出指令，自动完成指令规定的操作是计算机最基本的工作原理。以上过程可以概括为以下几个步骤。

（1）输入。计算机通过输入设备（如键盘、鼠标、麦克风等）接收外部信息。这些设备将用户输入的信息转化为计算机可以理解的二进制代码。这一过程使得用户可以与计算机进行有效的沟通和交互。

（2）处理。计算机将输入的信息进行加工处理，通过 CPU 进行运算。CPU 是计算机的"大脑"，负责执行各种指令和处理数据，将输入的数据转化为计算机可以理解的形式，以便于后续的处理和存储。

（3）存储。处理后的信息被存储在计算机的内存储器或硬盘中。内存储器是计算机的短期存储设备，用于临时存储正在运行的程序和数据。硬盘则是计算机的长期存储设备，可以存储大量的数据，以便用户随时访问和调用。

（4）输出。计算机将处理后的信息通过输出设备（如显示器、打印机等）显示或输出。输出设备是计算机与外界沟通的桥梁，负责将计算机处理的结果呈现给用户。

冯·诺依曼原理可以概括为八个字：存储程序，程序控制。冯·诺依曼原理是计算机的基本运行原理，是计算机能够实现各种功能的基础。通过这一原理，计算机才能完成各种复杂的任务，为用户提供便捷的服务。

学习单元 3　计算机外围设备

一、计算机外围设备定义及常见产品类型

外围设备是计算机不可缺少的组成部分，用户使用计算机时，接触最多的就是外围设备。外围设备是计算机和外部世界之间联系的桥梁。随着计算机技术的飞速发展和应用领域的扩展，计算机系统需要的外围设备的种类也越来越多。

1. 计算机外围设备的定义

计算机外围设备是指与计算机主机连接，完成输入和输出任务，使用户能够与计算机进行交互的各种设备。这些设备通常不直接参与计算机的数据处理和存储，但是它们可以提供用户所需的输入和输出服务，扩展计算机的功能和性能。常见的计算机外围设备包括键盘、鼠标、显示器、打印机、扫描仪、摄像头、音频设备、存储设备（如硬盘驱动器、光盘驱动器）、网络设备（如调制解调器、网卡）等。

2. 计算机外围设备的种类

计算机外围设备的种类很多，按照对数据的处理功能进行分类，可以分为

输入设备、输出设备、外存设备、多媒体设备、网络与通信设备等，如图3-62所示。

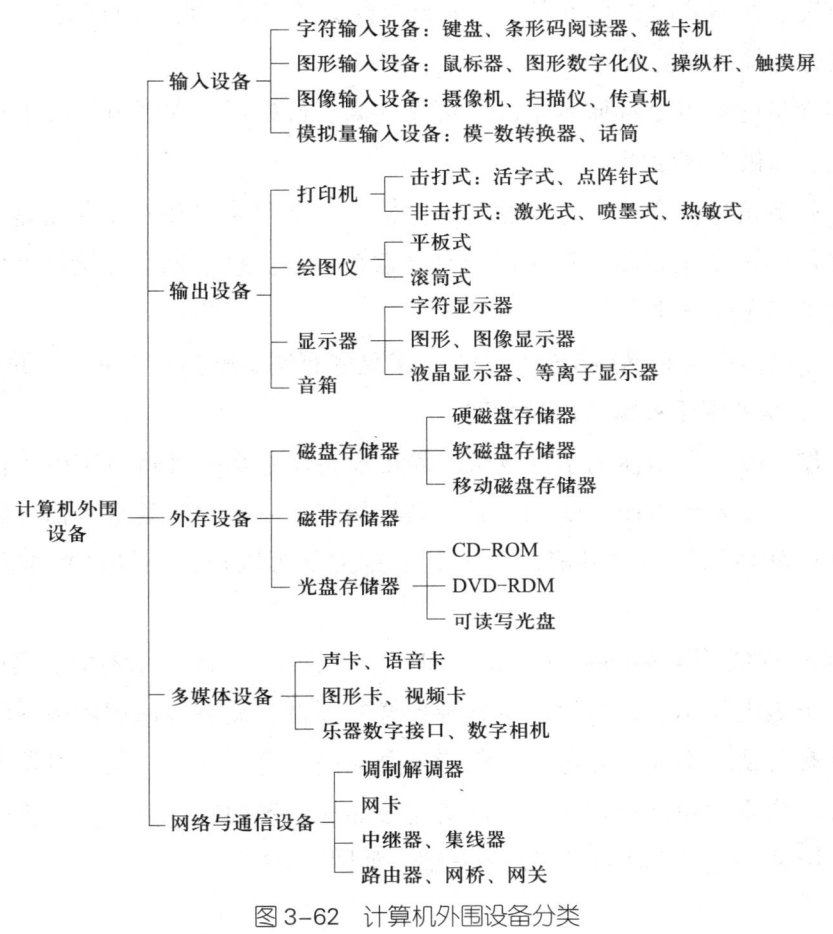

图 3-62 计算机外围设备分类

（1）输入设备和输出设备。输入设备是人和计算机之间最重要的接口，它的功能是把原始数据和处理这些数据的程序、命令通过输入接口输入计算机。

输入设备包括字符输入设备（如键盘、条形码阅读器、磁卡机）、图形输入设备（如鼠标器、图形数字化仪、操纵杆、触摸屏）、图像输入设备（如摄像机、扫描仪、传真机）、模拟量输入设备（如模-数转换器、话筒）。

输出设备同样是十分重要的人机接口，它的功能是输出人们所需要的计算机的处理结果。输出的形式可以是数字、字母、表格、图形、图像等。最常用的输出设备是各种类型的打印机、绘图仪、显示器等。

（2）外存设备。在计算机系统中，除了计算机主机中的内存外，还有外存设备。

外存设备用来存储大量的暂时不参加运算或处理的数据和程序，CPU 对其访问速度较慢。在需要时，它可以成批地与内存交换信息。它是内存的后备和补充，因此也被称为辅助存储器。

外存设备的特点是存储容量大、可靠性高、价格低，在断电情况下可以永久保存信息，以供重复使用。

外存设备按存储介质可分为磁盘存储器、磁带存储器和光盘存储器。微型计算机上使用的主要是硬磁盘存储器和软磁盘存储器。移动磁盘存储器的使用，为用户提供了很大的方便。

（3）多媒体设备和网络与通信设备。常见的有调制解调器、网卡、路由器等。

3. 计算机外围设备常见产品类型

（1）显示器。显示器属于计算机的输出设备。它是一种将特定电子信息输出到屏幕上，再反射到人眼的显示工具。其种类包括阴极射线管显示器、液晶显示器、LED 点阵显示器等。目前，常见显示器主要可以根据不同的标准分为多种类型。

1）阴极射线管（cathode ray tube，CRT）显示器。CRT 显示器依靠高电压激发的游离电子轰击显示屏，从而产生各种各样的图像，是一种使用阴极射线管的显示器，具有可视角度大、无坏点、色彩还原度高、色度均匀、具有可调节的多分辨率模式、响应时间极短等优点，价格比液晶显示器便宜，但其会产生较强的电磁辐射，长时间使用很容易损害人的眼睛，如图 3-63 所示。

图 3-63　CRT 显示器

2）液晶显示器（liquid crystal display，LCD）。它是一种借助薄膜晶体管驱动的有源矩阵显示器，主要是以电流刺激液晶分子产生点、线、面，配合背部灯管构成画面。LCD具有机身薄、体积小、重量轻、工作电压低、无辐射、无闪烁等特点，但LCD的画面颜色逼真度不及CRT显示器。液晶是一种介于固体和液体之间的特殊物质，是一种有机化合物，常温下呈液态，但是它的分子排列和晶体一样整齐，因此得名液晶。如果给液晶施加电场，会改变它的分子排列，从而改变光线的传播方向，此时加上偏振光片，可以控制光线的通过率。如果加上红、绿、蓝三色滤光片，就可以改变红绿蓝三种颜色光线的通过率，从而混合成各种颜色。在最底层加上背光灯作为光源，就可以显示图像了。因此，控制加在液晶的电压，即可控制光源对外显示的颜色。LCD如图3-64所示。

图3-64　LCD

3）发光二极管（light emitting diode，LED）显示器。它是一种使用发光二极管的显示器，又称LED电子显示屏，如图3-65所示，广泛应用于信息发布、户外媒体、体育场馆、室内大型活动等场景。此外，在户外的交通指示或公共交通的显示牌中也很常见。

图3-65　LED显示器

4）等离子显示器。等离子显示器是一种利用气体放电促使荧光粉发光并进行成像的显示设备。与 CRT 显示器相比，等离子显示器具有屏幕分辨率大、超薄、色彩丰富且鲜艳等特点。与 LCD 相比，等离子显示器具有对比度高、可视角度大和接口丰富等特点。等离子显示器的缺点是生产成本较高，而且耗电量较大。由于等离子显示器非常适合制作大尺寸的显示设备，因此多用于制造等离子电视。

5）有机发光二极管（organic light emitting diode，OLED）显示器。OLED 显示器属于第三代显示技术，相较于其他常用显示器，它不仅更轻薄、能耗低、亮度高、光亮度好、可以显示纯黑色，并且还可以弯曲，如今的曲面屏电视和手机等都应用了 OLED 显示器。OLED 显示器如图 3-66 所示。如今，各大厂商都争先恐后地加强了对 OLED 技术的研发投入，使得 OLED 技术在电视、计算机、手机等领域应用得非常广泛。

图 3-66　OLED 显示器

（2）鼠标器。鼠标器，简称鼠标，是计算机外设之一，用于控制鼠标指针在屏幕上的移动并进行各种操作，如图 3-67 所示。根据不同的分类标准，鼠标可以分为多种类型。

图 3-67　鼠标

1）根据连接方式，鼠标可以分为有线鼠标和无线鼠标。有线鼠标通过 USB 或

PS/2接口与计算机连接，具有传输稳定、价格低廉等优点。无线鼠标则通过无线信号与计算机连接，具有使用方便、移动灵活等优点。

2）根据工作原理，鼠标可以分为机械鼠标和光学鼠标。机械鼠标通过鼠标内部的滚轮和编码器来检测鼠标的移动，而光学鼠标则是通过红外线或激光扫描来检测鼠标的移动。

除了基本的单击和拖动操作，鼠标还具有其他的功能。例如，单击鼠标右键通常会弹出快捷菜单。此外，鼠标还具有自定义按键、宏编程等功能，可以帮助使用者更加高效地开展工作。

（3）键盘。键盘是计算机设备中最常用、最主要的输入设备，通过键盘可以将英文字母、汉字、数字、标点符号等输入计算机中，从而向计算机发出命令、输入数据等。键盘主要有以下几种。

1）机械键盘。机械键盘采用金属接触式开关使触点导通或断开。机械键盘的每一个按键都由一个单独的开关来控制闭合，这个开关被称为轴。轴有很多种类，其按压力度和行程不尽相同，主要根据轴体颜色来进行区分。机械键盘如图3-68所示。

图3-68 机械键盘

2）薄膜键盘。薄膜键盘通常由三层薄膜组成，上下两层是导电层，中间一层是绝缘层，这些薄膜层在按键下方设有相应的触点。当按键被按下时，上下两层导电薄膜通过中间绝缘层的孔洞接触，输出编码。这种键盘无机械磨损，可靠性较高。薄膜键盘如图3-69所示。

图3-69 薄膜键盘

3）电容键盘。电容键盘的工作原理类似电容式开关，通过按键改变电极间的距离，从而产生电容量的变化，暂时满足振荡脉冲允许通过的条件。当按键被按下时，电极的距离发生变化，这就引起电容容量发生改变。当参数设计合适时，按键时就有输出，而不按键时就无输出。电容键盘如图3-70所示。

图3-70　电容键盘

4）无线键盘。无线键盘通过蓝牙或2.4GHz无线信号与计算机相连，使用户可以在一定范围内自由移动，不再受线缆长度限制。无线键盘如图3-71所示。

图3-71　无线键盘

为了适应不同用户的需要，键盘一般包括主键区、数字键区、功能键区、控制键区、状态指示区，多功能键盘还包含快捷键区，如图3-72所示。键盘电路板是整个键盘的控制核心，它位于键盘的内部，主要承担按键扫描识别、编码和传输接口的工作。键帽的反面是键柱塞，其质量直接关系到按键的手感和键盘的寿命。

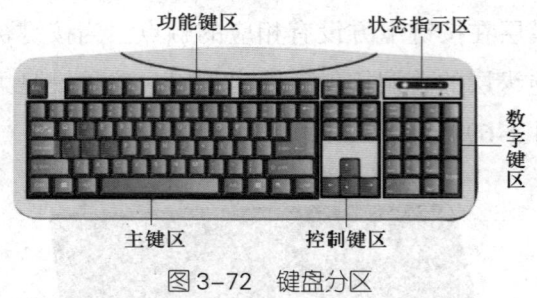

图3-72　键盘分区

（4）扫描仪。扫描仪是一种能够将纸质文档、照片和其他实物转换为数字图像的设备。它通常由扫描头、控制电路和输出接口等组成，扫描头负责将实物转换为模拟信号，控制电路则将这些信号转换为数字信号，并通过输出接口将数字图像输出到计算机或其他设备中。扫描仪如图3-73所示。

图 3-73　扫描仪

图形（图像）扫描仪具有高分辨率、高精度、高速度等特点，广泛应用于文档管理、数字图书馆、医疗影像、地理信息系统等领域。随着计算机技术和数字化技术的不断发展，图形（图像）扫描仪的应用范围也在不断扩大。

（5）打印机。打印机是计算机的输出设备之一，用于将计算机的处理结果打印在相关介质上，如图 3-74 所示。

图 3-74　打印机

打印机的种类繁多，按照不同的分类方式可分为不同类型。通常可分为针式打印机、喷墨打印机、多功能激光打印一体机、热敏和条码打印机、3D 打印机等。

二、计算机和外围设备连接方式

计算机配置的外围设备种类繁多，它们不仅在工作速度上与 CPU 相差甚远，而且其信息表示形式也与计算机内部所使用的二进制数不同。因此，要实现外围设备与计算机的连接和信息交换，充分发挥计算机的作用，就必须了解外围设备传输信息的种类、传输控制方式和传输方法。在此基础上，才能确定它们的连接方式。

各种外围设备只有与计算机相互连接才能发挥作用,连接必须通过接口,目前计算机上的接口主要有以下几种类型。

1. 通用串行总线(universal serial bus,USB)接口

USB 接口是一种通用的、用于连接计算机和外部设备的标准串行接口,它由英特尔等多家公司于 1994 年底联合推出,已成为当今计算机与外围设备连接的必备接口。

USB 接口的主要类型包括以下几种。

(1)USB Type-A(见图 3-75a)。这是最常见的 USB 接口类型,通常用于连接计算机和外部设备,如键盘、鼠标等。它有标准和微型两种尺寸。

(2)USB Type-B(见图 3-75b)。这种 USB 接口也用于连接计算机和外部设备,如打印机、扫描仪等。它也有标准和微型两种尺寸。

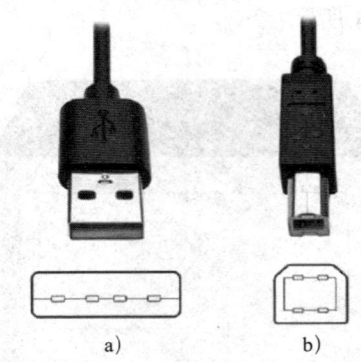

图 3-75　USB Type-A 接口和 USB Type-B 接口
a)USB Type-A 接口　b)USB Type-B 接口

(3)USB Type-C。这是一种新型的 USB 接口,具有可逆插头设计,可以在任何方向上插入,如图 3-76 所示。USB Type-C 接口具有更高的传输速率和更强的功率传输能力,因此它可以用于连接高性能设备,如外部硬盘驱动器、显示器等。

图 3-76　USB Type-C 接口

USB 是一个外部总线标准,用于规范计算机与外部设备的连接和通信。USB 接口的颜色和版本、速率有关。例如,白色 USB 接口为 USB1.0 接口,传输速率为 1.5 Mbit/s,已被淘汰;黑色 USB 接口为 USB2.0 接口,传输速率为 480 Mbit/s,实际传输速度约为 40 Mbit/s,常用于主板上。

USB 接口具有以下特点。

（1）插拔方便。USB 接口采用热插拔技术，用户可以在不关闭计算机的情况下插拔设备。

（2）传输速度较快。USB 接口支持多种传输速度，适用于大容量数据传输。

（3）提供电力供应。USB 接口可以提供电力供应给连接的设备，使其不需要额外的电源适配器。

（4）多功能。USB 接口可以连接各种外部设备，如打印机、扫描仪、存储设备、音频设备等。

（5）标准化。USB 接口标准由 USB 设计者论坛制定和管理，确保各种设备的兼容性和互操作性。

USB 接口有多种规格和类型，最新一代是 USB4.0，传输速率为 40 Gbit/s，三段式电压 5 V/12 V/20 V，最大供电 100 W，新型 USB Type-C 接口允许正反盲插。

2. 雷电接口

雷电接口技术融合了 PCI-E 数据传输技术和 DisplayPort 显示技术，可以同时对数据和视频信号进行传输，且每条通道都提供双向 10 Gbit/s 带宽。雷电接口如图 3-77 所示。

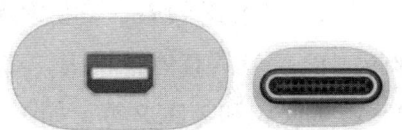

图 3-77 雷电接口

在早期版本中，雷电接口与 Mini DisplayPort 集成，但从第三代开始，改为与 USB Type-C 接口集成，并能提供电源。

雷电接口的分类主要有以下两种。

（1）雷电 3 接口。雷电 3 接口是一种高速传输接口，具有 40 Gbit/s 的数据传输速率，支持多种协议，如 Thunderbolt、USB、DisplayPort 等。

（2）雷电 4 接口。雷电 4 接口是雷电 3 接口的升级版，具有更高的数据传输速率和更多的功能，如支持多个显示器连接、支持音频和视频传输等。

3. 高清多媒体接口（high definition multimedia interface，HDMI）

HDMI 是一种高清多媒体接口，主要用于智能电视、机顶盒、投影仪等影音设备。它采用全数字传输视频信号和音频信号，不需要进行数模或模数转换，因此不会出现视频和音频干扰导致画质不佳的情况，传输质量更高。

根据尺寸规格的不同，HDMI 可以分为 3 类。

（1）标准 HDMI，又称为 HDMI A 型，一般主要用在高清电视、台式计算机、投影仪等设备上，如图 3-78 所示。

（2）Mini(迷你)HDMI，又称为 HDMI C 型，一般主要用在 MP4、平板计算机、相机等设备上，如图 3-79 所示。

（3）Micro（微型）HDMI，又称为 HDMI D 型，一般主要用在智能手机、平板计算机等设备上，如图 3-80 所示。

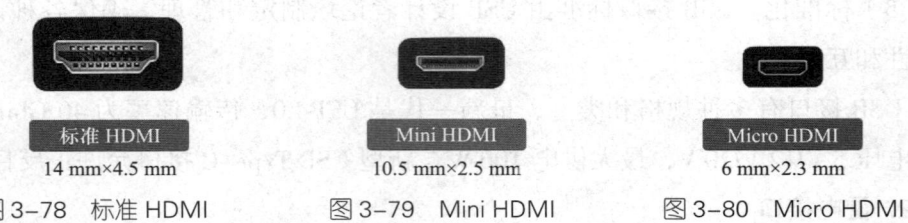

图 3-78　标准 HDMI　　　图 3-79　Mini HDMI　　　图 3-80　Micro HDMI

4. DisplayPort（DP）接口

DP 接口是一种数字显示标准接口，由计算机及芯片制造商联合开发，被 VESA（video electronics standards association，视频电子标准协会）标准化。它主要用于连接显示器、计算机以及投影仪等设备，支持多种多媒体格式，包括音频、视频和其他形式的数据传输。DP 接口具有体积较小、功耗较低的特点，同时可以支持多种同步模式，如 VESA、CESA 和 HDCP 等，如图 3-81 所示。

DP 接口具有以下主要功能。

（1）取代传统的 VGA、DVI 和 FPD-Link 接口，通过主动或被动适配器与 HDMI、DVI 等传统接口兼容。

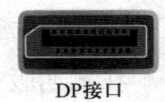

图 3-81　DP 接口

（2）支持多屏幕显示和高清数字内容保护。

（3）支持动态数字信号和电子数据交换。

（4）使用数据报文代替传统的定时器信号，实现更高的分辨率和更少的引脚数。

（5）可以用于内部显示连接和外部显示连接。

DP 接口主要分为标准 DP 接口和 Mini DP 接口两种。

（1）标准 DP 接口：用于连接显示器和主板之间的接口，支持高达 4K 分辨率的视频传输，具有良好的图像质量和抗干扰能力，如图 3-82 所示。

（2）Mini DP 接口：一种小型的 DisplayPort 接口，主要用于连接显示器和主板之间的连接，具有较小的体积和低功耗的特点，如图 3-83 所示。

宽约17 mm
厚约6.3 mm

宽约7.6 mm
厚约4.6 mm

图 3-82　标准 DP 接口　　　图 3-83　Mini DP 接口

5. 数字视频接口

数字视频接口（digital visual interface，DVI）是一种广泛应用于 LCD、数字投影机等领域的视频接口标准，它的设计目的是传输未经压缩的数字化视频。该标准由数字显示工作小组组成的论坛共同制订，如图 3-84 所示。

DVI 接口的优势在于，它能够以无损的方式发送未压缩的数字视频数据到显示设备，使得显示设备在原生分辨率被驱动时，只需读取 DVI 传来的每个像素的数值数据，并将其正确地套用到屏幕上相应的位置。这样，用户可以享受到更清晰、更逼真的视觉体验。

此外，DVI 接口在设计上部分兼容 HDMI 标准，使得它在未来具有更好的扩展性和兼容性。需要注意的是，DVI 接口有多种不同类型的连接器，如 DVI-A、DVI-D 和 DVI-I 等，它们之间的兼容性和功能可能有所不同。因此，在选购和使用时，需要根据具体的需求和设备来进行选择。

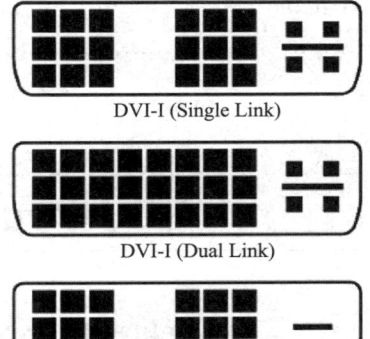

图 3-84　DVI 接口

数字视频接口作为一种成熟的视频传输标准，在液晶显示器、数字投影机等设备中具有广泛的应用前景，为用户带来了高质量的视觉体验。

6. 视频图形阵列（video graphics array，VGA）接口

VGA 接口是 IBM 在 1987 年提出的一种模拟信号显示标准。它是一种 D 型接口，采用非对称分布的 15pin 连接方式，共有 15 针，分成 3 排，每排 5 个孔，如图 3-85 所示。VGA 还有一个名称叫

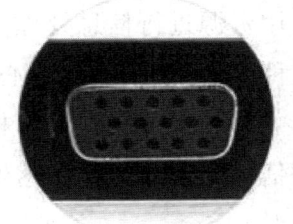

图 3-85　VGA 接口

D-Sub。VGA 接口插头分为公母插头。一般在 VGA 接头上，会有 1，5，6，10，11，15 等数字标明每个接口的编号。

VGA 接口是显卡上应用最广泛的接口类型，绝大多数的显卡都带有此种接口。它传输红、绿、蓝模拟信号以及同步信号（水平信号和垂直信号）。VGA 接口不单是 CRT 显示设备的标准接口，同样也是 LCD 显示设备的标准接口，具有广泛的应用范围。

学习单元 4　计算机网络基础知识

一、计算机网络定义和发展史

1. 定义

计算机网络是指将地理位置不同的，具有独立功能的多台计算机及其外部设备，通过通信线路连接起来，在网络操作系统、网络管理软件及网络通信协议的管理和协调下，实现资源共享和信息传递的系统。

2. 发展史

随着计算机网络技术的发展，计算机网络经历了从简单到复杂、从单机到多机的发展过程，其演变过程大致可划分为 4 个阶段。

（1）第一阶段：诞生阶段（计算机—终端）。20 世纪 50 年代至 60 年代，出现了第一代计算机网络，它是以单个计算机为中心的远程联机系统。它的主要特点是一个主机、多个终端。

将地理位置分散的多个终端通过通信线路连到一台中心计算机上，用户可以在自己办公室内的终端键入程序，通过通信线路传送到中心计算机，分时访问或使用资源进行信息处理，处理结果再通过通信线路回送到用户终端显示或打印，这种以单个计算机为中心的联机系统称作面向终端的远程联机系统。

当时，人们把计算机网络定义为"以传输信息为目的而连接起来，实现远程信息处理或进一步达到资源共享的系统"，但这样的通信系统已具备了网络的雏形。

（2）第二阶段：形成阶段（以通信子网为中心的计算机网络，计算机—计算机网络）。20世纪60年代中期至70年代，第二代计算机网络是以多个主机通过通信线路互连为用户提供服务的网络。将分布在不同地点的计算机通过通信线路互连，成为计算机—计算机网络。联网用户可以通过计算机使用本地计算机的软件、硬件与数据资源，也可以使用网络中的其他计算机软件、硬件与数据资源，以达到资源共享的目的。它主要特点是分散管理，也就是多个主机互联成为系统，类似于若干个第一代计算机网络的组合。第二代计算机网络以实现更大范围内的资源共享为目的，其典型代表是美国国防部高级研究计划局协助开发的ARPANET，其为现代Internet的雏形。ARPANET将整个计算机网络分成通信子网和资源子网两部分。

第二代计算机网络实现了更大范围的资源共享，网络中有多台主机，主机之间不是直接用线路相连，而是由接口报文处理机（interface message processor，IMP）转接后互连的。IMP和它们之间互连的通信线路一起负责主机间的通信任务，构成了通信子网。通信子网互连的主机负责运行程序，提供资源共享，组成了资源子网。这个时期，网络概念为"以能够相互共享资源为目的互连起来的具有独立功能的计算机之集合体"，形成了计算机网络的基本概念。

（3）第三阶段：互联互通阶段（网络体系结构标准化）。20世纪70年代末至90年代，第三代计算机网络是具有统一的网络体系结构并遵循国际标准的开放式和标准化的网络。ARPANET兴起后，计算机网络发展迅猛，各大计算机公司相继推出自己的网络体系结构以及实现这些结构的硬件产品。由于没有统一的标准，不同厂商的产品之间互连很困难，人们迫切需要一种开放性的标准化实用网络环境，这样应运而生了两种国际通用的最重要的体系结构，即TCP/IP体系结构和国际标准化组织的OSI（open system interconnection，开放系统互联）体系结构。国际标准化组织制订了OSI/RM（开放式系统互连参考模型），成为研究和制定新一代计算机网络标准的基础，从而极大地促进了计算机网络技术的发展。

（4）第四阶段：高速网络技术阶段。20世纪90年代末至今，由于局域网技术发展成熟，出现光纤及高速网络、多媒体网络、智能网络技术，整个网络就像一个对用户透明的大型计算机系统，第四代计算机网络发展为以Internet为代表的互联网。

3. 发展趋势

在未来，计算机网络将进一步朝着"开放、综合、智能"的方向迅速发展。计算机网络的发展趋势包括以下几个方面。

（1）更快的速度。随着技术的不断发展，计算机网络的传输速度将会越来越快。目前已经出现了高速网络技术，如光纤网络、千兆以太网等，未来可能会出现更高速的网络技术。

（2）更大的带宽。随着数据量的不断增加，计算机网络需要提供更大的带宽来满足用户的需求。未来的网络将会提供更大的带宽，以支持高清视频、虚拟现实、物联网等应用。

（3）更广泛的覆盖范围。未来的计算机网络将会更广泛地覆盖到各个角落，包括偏远地区和发展中国家，这将使得更多的人能够接入互联网，享受到网络带来的便利和机会。

（4）更安全的网络。随着网络的发展，网络安全问题也越来越重要。未来的计算机网络将会提供更强大的安全保障措施，如加密技术、身份验证等，以防止网络攻击和数据泄露。

（5）更智能化的网络。随着人工智能技术的发展，未来的计算机网络将会更智能化。网络将能够自动感知和适应用户需求，提供个性化的服务和优化的网络体验。

（6）更多样化的应用。未来的计算机网络将会支持更多样化的应用，如物联网、云计算、边缘计算等。这些应用将会改变人们的生活和工作方式，带来更多的便利和效率提升。

二、计算机网络系统架构

一个完整的计算机网络系统是由网络硬件系统和网络软件系统所组成的。网络硬件是计算机网络系统的物理实现，网络软件是网络系统中的技术支持。两者相互作用，共同完成网络功能。

1. 网络硬件系统的组成

计算机网络硬件系统是由计算机（主机、客户机、终端）、通信处理机（集线器、交换机、路由器）、通信线路（同轴电缆、双绞线、光纤）、信息变换设备（调制解调器、编码解码器）等构成。

2. 网络软件系统的组成

在计算机网络系统中，除了各种网络硬件设备外，还必须具有网络软件。

（1）网络操作系统（network operating system，NOS），是控制和协调网络系统中计算机硬件和软件资源的管理程序。它是操作系统的一种，特别适用于网络环境中。

网络操作系统的主要功能如下。

1）文件共享。网络操作系统可以管理和控制文件的共享，使网络中的所有用户都可以访问共享文件。

2）打印共享。网络操作系统可以让多个用户使用同一个网络打印机。

3）用户管理。网络操作系统可以对网络中的用户进行管理，如添加、删除用户，设置用户权限等。

4）安全管理。网络操作系统可以提供一定的安全保障，如防火墙、入侵检测等，保护网络免受攻击。

5）网络连接和配置。网络操作系统可以管理和控制网络连接，如添加、删除网络设备，配置网络参数等。

6）提供电子邮件服务、网络服务、数据库服务等。

常见的网络操作系统有 Windows Server、Linux、Novell NetWare、苹果的 Mac OS X Server、Sun Microsystems 的 Solaris 等。这些操作系统都可以用于构建和管理计算机网络，但具体选择哪种操作系统取决于网络的需求和用户的技能水平。

（2）网络协议软件。网络协议是网络通信的数据传输规范，网络协议软件是用于实现网络协议功能的软件。

目前，典型的网络协议有 TCP/IP 协议簇、IPX/SPX 协议、IEEE802 标准协议系列等。其中，TCP/IP 协议簇是当前互联网中应用较广泛的网络协议。典型的网络协议软件有 Wireshark 等。

（3）网络管理软件。网络管理软件是用来对网络资源进行管理以及对网络进行维护的软件，如性能管理、配置管理、故障管理、计费管理、安全管理、网络运行状态监视与统计等。

（4）网络通信软件。网络通信软件是用于实现网络中各种设备之间进行通信的软件，使用户能够在不必详细了解通信控制规程的情况下，控制应用程序与多个站进行通信，并对大量的通信数据进行加工和管理。

（5）网络应用软件。网络应用软件用于为网络用户提供服务，最重要的特征是它研究的重点不是网络中各个独立的计算机本身的功能，而是如何实现网络特有的功能。

3. 计算机网络的拓扑结构

当组建计算机网络时，要考虑网络的布线方式，这也就涉及了网络拓扑结构的内容。网络的拓扑结构指网络中计算机线缆以及其他组件的物理布局。

局域网常用的拓扑结构有总线型、星型、环型、树型等。拓扑结构影响着整个网络的设计、功能、可靠性和通信费用等,是决定局域网性能优劣的重要因素之一。

(1)总线型拓扑结构,网络上的所有计算机都通过一条电缆相互连接起来,如图3-86所示。

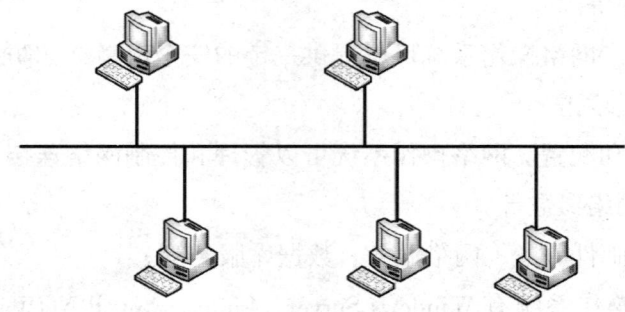

图3-86 总线型拓扑结构

总线上的通信:在总线上,任何一台计算机在发送信息时,其他计算机必须等待。而且计算机发送的信息会沿着总线向两端扩散,从而使网络中所有计算机都会收到这个信息,但是否接收,还取决于信息的目标地址是否与网络主机地址相一致,若一致,则接受,若不一致,则不接收。

(2)星型拓扑结构,每个节点都由一个单独的通信线路连接到中心节点上,如图3-87所示。

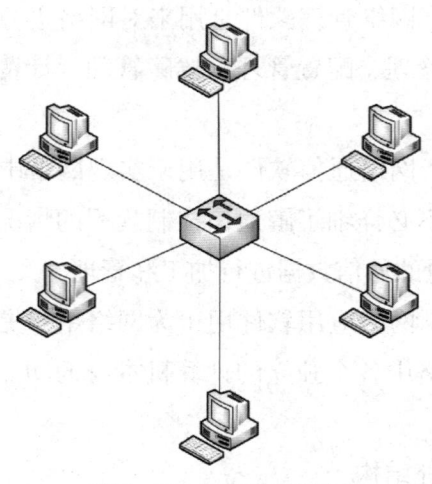

图3-87 星型拓扑结构

中心节点控制全网的通信，任何两台计算机之间的通信都要通过中心节点来转接，因此中心节点是网络的瓶颈。这种拓扑结构又称为集中控制式网络结构，是目前使用最普遍的拓扑结构，处于中心的网络设备集线器（Hub）也可以是交换机。

优点：结构简单、便于维护和管理，因为当某台计算机或某条线缆出现问题时，不会影响其他计算机的正常通信，维护比较容易。

缺点：通信线路专用，电缆成本高；中心节点是全网的可靠性瓶颈，中心节点出现故障会导致网络的瘫痪。

（3）环型拓扑结构。环型拓扑结构是以一个共享的环型信道连接所有设备，称为令牌环。在环型拓扑结构中，信号会沿着环型信道按一个方向传播，并通过每台计算机，每台计算机对信号进行放大后，传给下一台计算机。同时，在网络中有一种特殊的信号称为令牌，令牌按顺时针方向传输。当某台计算机要发送信息时，必须先捕获令牌，再发送信息，发送信息后再释放令牌。环型拓扑结构如图3-88所示。

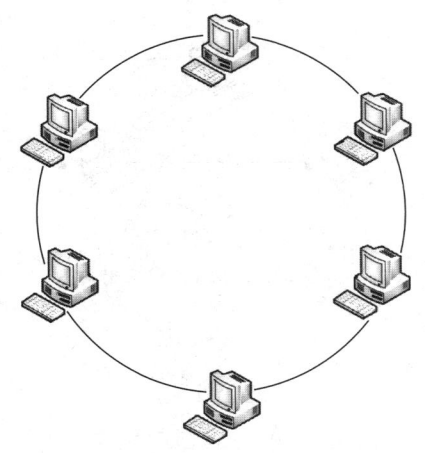

图3-88　环型拓扑结构

环型拓扑结构有两种类型，即单环结构和双环结构。令牌环是单环结构的典型代表，光纤分布式数据接口（FDDI）是双环结构的典型代表。

（4）树型拓扑结构。树型拓扑结构是星型拓扑结构的扩展，它由根节点和分支节点所构成，如图3-89所示。

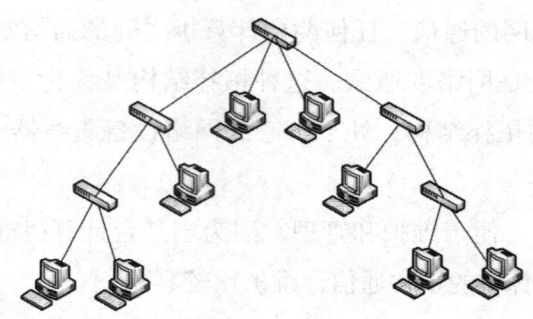

图 3-89　树型拓扑结构

优点：结构比较简单，成本低，扩充节点方便灵活。

缺点：对根节点的依赖性大，一旦根节点出现故障，将导致全网不能工作；电缆成本高。

（5）网状拓扑结构与混合型拓扑结构。网状拓扑结构是指将各网络节点与通信线路连接成不规则的形状，每个节点至少与其他两个节点相连，或者每个节点至少有两条链路与其他节点相连。大型广域网一般都采用这种结构，如图3-90所示。

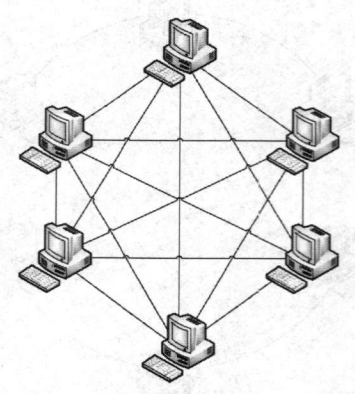

图 3-90　网状拓扑结构

优点：可靠性高；因为有多条路径，可以选择最佳路径，减少时延，改善流量分配，提高网络性能，适用于大型广域网。

缺点：结构复杂，不易管理和维护；线路成本高；路径选择比较复杂。

混合型拓扑结构是由以上几种拓扑结构混合而成的，如环星型拓扑结构，它是令牌环网和FDDI网常用的结构；再如总线型和星型的混合型拓扑结构等。

4. 按覆盖范围分类

按网络所覆盖的地理范围的不同，计算机网络可分为局域网（local area

network，LAN）、城域网（metropolitan area network，MAN）、广域网（wide area network，WAN）。

（1）局域网（LAN）是将较小地理区域内的计算机或数据终端设备连接在一起的通信网络。局域网覆盖的地理范围比较小，一般距离在几十米到几千米。它常用于组建一个办公室、一栋楼、一个楼群、一个校园或一个企业的计算机网络。局域网主要用于实现短距离的资源共享。局域网的特点是分布距离近、传输速率高、数据传输可靠等。

（2）城域网（MAN）是一种大型的 LAN，它的覆盖范围介于局域网和广域网之间，一般距离为几千米至几万米。城域网的覆盖范围在一个城市内，它将位于一个城市之内不同地点的多个计算机局域网连接起来，实现资源共享。城域网所使用的通信设备和网络设备的功能要求比局域网高，以便有效地覆盖整个城市的地理范围。一般在一个大型城市中，城域网可以将多个学校、企事业单位、公司和医院的局域网连接起来共享资源。

（3）广域网（WAN）是在一个广阔的地理区域内进行数据、语音、图像信息传输的计算机网络。由于远距离数据传输的带宽有限，因此广域网的数据传输速率比局域网要慢得多。广域网可以覆盖一个城市、一个国家甚至于全球。因特网（Internet）是广域网的一种，但它不是一种具体独立的网络，它将同类或不同类的物理网络（局域网、广域网与城域网）互联，并通过高层协议实现不同类网络间的通信。

5. 按照网络中计算机所处的地位分类

按照网络中计算机所处的地位不同，可以将计算机网络分为对等网和基于客户机/服务器模式的网络。

（1）对等网。在对等网中，所有的计算机的地位是平等的，没有专用的服务器。每台计算机既作为服务器，又作为客户机；既为别人提供服务，也从别人那里获得服务。由于对等网没有专用的服务器，所以在管理对等网时，只能分别管理，不能统一管理，管理起来很不方便。对等网一般应用于计算机较少、安全需求不高的小型局域网。

（2）基于客户机/服务器模式的网络。在这种网络中，有两种角色的计算机，一种是服务器，一种是客户机。

1）服务器。服务器一方面负责保存网络的配置信息，另一方面也负责为客户机提供各种各样的服务。因为整个网络的关键配置都保存在服务器中，所以管理员在管理网络时只需要修改服务器的配置，就可以实现对整个网络的管理。同时，客户机需要获得某种服务时，会向服务器发送请求，服务器接到请求后，会向客户机提供相应服务。服务器的种类很多，有邮件服务器、Web 服务器、目录服务器等，不同的服务器可以为客户提供不同的服务。在构建网络时，一般选择配置较好的计算机，在其上安装相关服务，使其成为服务器。

2）客户机。客户机主要用于向服务器发送请求，获得相关服务。如客户机向打印服务器请求打印服务，向 Web 服务器请求 Web 页面等。

6. 按传播方式分类

按照传播方式不同，可将计算机网络分为广播式网络和点对点式网络两大类。

（1）广播式网络。广播式网络是指网络中的计算机或者设备使用一个共享的通信介质进行数据传播，网络中的所有节点都能收到任一节点发出的数据信息。

目前，在广播式网络中的传输方式有 3 种。

1）单播：采用一对一的发送形式，将数据发送给网络所有目的节点。

2）组播：采用一对一组的发送形式，将数据发送给网络中的某一组主机。

3）广播：采用一对所有的发送形式，将数据发送给网络中所有目的节点。

（2）点对点式网络。点对点式网络中两个节点之间的通信方式是点对点的。如果两台计算机之间没有直接连接的线路，那么它们之间的分组传输就要通过中间节点的接收、存储、转发，直至目的节点。

点对点式网络主要应用于 WAN 中，通常采用的拓扑结构有星型、环型、树型、网状型。

三、计算机网络机房基本常识

计算机网络机房是指用于存放计算机设备和网络设备的房间或建筑物。它通常配备了空调、UPS、消防设备、网络设备等，以确保计算机设备的正常运行。

1. 服务器（Server）

服务器是一种高性能计算机，通常在网络上提供各种服务。它是网络的节点，负责存储和处理网络上的数据和信息。服务器与普通计算机在功能上相似，但在稳定性、安全性、性能等方面要求更高。

服务器的硬件配置通常包括 CPU、芯片组、内存、磁盘系统、网络等，这些硬件和普通计算机有所不同。服务器的硬件性能更加强大，主要体现在高速的运算能力、长时间的可靠运行、强大的外部数据吞吐能力等方面。

服务器根据不同的应用场景进行差异化设计，主要应用场景包括文件交互、数据存储和查询、应用程序应答与运行等。

服务器有不同的类型，如机架式服务器和刀片服务器。机架式服务器的外观像交换机，有 1 U（1 U=1.74 英寸 =4.45 cm）、2 U、4 U 等规格，安装在标准的机柜里面，如图 3-91 所示。刀片服务器是一种高密度服务器，有独立的系统主板、CPU、内存和存储系统，专为实现数据中心的便利性而打造，如图 3-92 所示。

图 3-91　机架式服务器　　　　　　　图 3-92　刀片服务器

服务器还有 CISC（complex instruction set computing，复杂指令系统）架构服务器，基于 IA 架构的服务器，使用 CISC（x86）芯片且主要采用 Windows、Linux 等操作系统服务器。

2. 交换机（Switch）

交换机是网络系统中的关键设备，负责在局域网和广域网中实现稳定、高效的数据传输与连接，如图 3-93 所示。

图 3-93　交换机

交换机的核心功能是数据交换，它能够接收来自不同网络设备的数据包，并根据目的地址将其正确转发至目标设备。这一过程依赖于交换机的快速处理能力和高效的转发机制，确保数据在网络中快速、准确地传输。

除了数据交换功能外，交换机还具备其他关键特性。例如，它支持虚拟局域网（virtual local area network，VLAN）的划分，这有助于在大型网络中实现逻辑隔离和更灵活的管理。此外，交换机还支持访问控制列表（access control lists，ACL）配置，通过设置规则来限制对特定端口或地址的访问，从而增强网络安全性。

在设计和性能方面，交换机通常具备高可靠性、可扩展性和易管理性。它采用冗余设计来确保在出现故障时仍能维持数据传输的连续性。同时，交换机支持多种管理和维护功能，如远程管理、日志记录等，使得网络管理员能够轻松地监控和管理整个网络系统。

3. 路由器（Router）

路由器是一种连接两个或多个网络的硬件设备，在网络间起网关的作用。它能够理解不同的协议，例如某个局域网使用的以太网协议和因特网使用的 TCP/IP 协议。这样，路由器可以分析各种不同类型网络传来的数据包的目的地址，把非 TCP/IP 网络的地址转换成 TCP/IP 地址，或者反之；再根据选定的路由算法把各数据包按最佳路线传送到指定位置。因此，路由器可以把非 TCP/IP 网络连接到因特网上。路由器如图 3-94 所示。

图 3-94　路由器

4. 防火墙（Firewall）

防火墙是网络安全领域中的一个重要工具，它能够通过一系列的措施来保护计算机系统和网络免受未经授权的访问和攻击。防火墙可以过滤掉恶意流量和潜在的攻击，并能够监控网络活动，以便及时发现并阻止任何可疑行为。防火墙如图 3-95 所示。

图 3-95　防火墙

防火墙有多种分类方式，其中一种常见的分类是根据其实现方式将其分为包过滤防火墙、应用层网关防火墙、深度包检测防火墙和下一代防火墙。这些不同类型的防火墙各有特点和优势，可以适应不同的网络安全需求。

包过滤防火墙主要根据数据包中的源地址、目标地址和端口号等信息进行过滤，只允许符合特定规则的数据包通过。这种防火墙简单易用，但可能会因为规则设置不当而导致一些合法流量被误判。

应用层网关防火墙通过代理服务或应用层协议实现网络隔离，可以对数据包进行更高级别的过滤和安全检查。这种防火墙可以更好地控制网络访问和流量，但可能会影响一些应用程序的性能。

深度包检测防火墙可以对数据包的内容进行深度检查，以识别是否存在恶意软件或病毒。这种防火墙能够提供更全面的安全保护，但可能会增加处理数据的复杂性和时间。

下一代防火墙集成了多种安全技术，包括入侵检测、安全扫描、URL过滤等，可以更全面地保护网络免受攻击。这种防火墙具有较高的安全性和灵活性，但可能会增加实现的复杂性和成本。

5. 不间断电源（UPS）

不间断电源是一种为计算机及其他电子设备提供稳定电力供应的设备。当市电出现故障时，它可以通过内置电池或其他储能设备继续为设备供电，确保设备正常运行。不间断电源如图 3-96 所示。

图 3-96　不间断电源

不间断电源的主要特点如下。

（1）稳定可靠的电力供应。不间断电源可在市电故障时继续为设备供电，避免因电源波动或断电导致设备损坏或数据丢失。

（2）高效率。不间断电源可在短时间内为设备提供充足电力，同时降低能源消耗。

（3）保护功能。不间断电源具备过压保护、欠压保护、过流保护、短路保护等功能，可在市电异常时保护设备免受损害。

（4）远程监控与管理。不间断电源通常具有远程监控与管理功能，可对设备的运行状态进行实时监测与管理。

（5）环保节能。不间断电源采用高效节能设计，使用过程中无噪声和废气，对环境友好。

不间断电源适用于各种需要稳定电力供应的场合，是一种实用且高效的电源设备。

6. 网络存储设备

网络存储设备，即连接在网络上以供访问的数据存储装置，通过诸如 NFS（network file system，网络文件系统）、SMB（server message block，网络协议名）/ CIFS（common internet file system，通用网络文件系统）等网络协议进行数据交换。这类设备通常以硬盘阵列作为存储介质，并可根据实际需求进行扩展，如图 3-97 所示。

图 3-97 网络存储设备

网络存储设备主要可分为两类：网络附加存储（network attached storage，NAS）与存储区域网络（storage area network，SAN）。NAS 是一种联网存储设备，用户可以通过相应网络协议访问存储数据；而 SAN 则是一种高速、专用的存储网络，用于连接存储设备及服务器。

7. 网络机架和网络机柜

网络机架和网络机柜是两种常见的网络设备安装和管理方式。网络机架采用开放式结构，通常用于放置服务器、路由器等设备。它具备良好的扩展性及散热性，有利于设备在高负载状态下的稳定运行。而网络机柜则采用封闭或半封闭式设计，用于保护及管理网络设备。它能增强电磁屏蔽效果，降低设备噪声，同时减少设备对地面空间的占用。网络机架和网络机柜如图 3-98 所示。

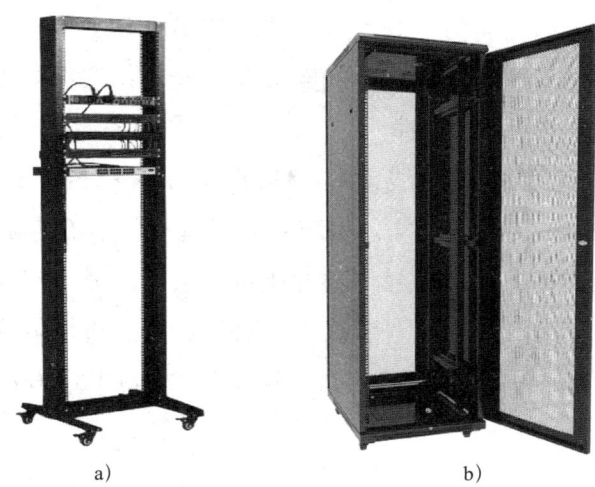

图 3-98 网络机架和网络机柜
a) 网络机架 b) 网络机柜

在网络设备的安装和管理中，网络机架和网络机柜各自具有独特的特点和适用场景。网络机架由于其开放式结构，使得设备管理和维护变得更加简便。而网络机柜的封闭式设计，为设备提供了更高级别的安全和保护。同时，网络机柜在减少设备占地面积、降低噪声等方面具有显著的优势。

四、综合布线常识

1. 计算机网络传输介质

计算机网络传输介质是指通信网络中发送方和接收方之间的物理通路。常用的计算机网络传输介质可分为有线和无线两类。有线传输介质主要有双绞线、光缆和同轴电缆等，无线传输介质主要有微波、无线电、激光和红外线等。

2. 双绞线

双绞线是在局域网中广泛使用的传输介质，它由两根相互缠绕的绝缘铜导线组成，如图 3-99 所示。这种独特的缠绕设计使得双绞线在传输信号时具有较强的抗干扰能力，因为导线发出的电波会被另一根导线发出的电波抵消，从而确保信号传输的稳定性和可靠性。

双绞线的主要功能是传输数据信号。在局域网中，双绞线可以用来连接计算机、网络设备、电话

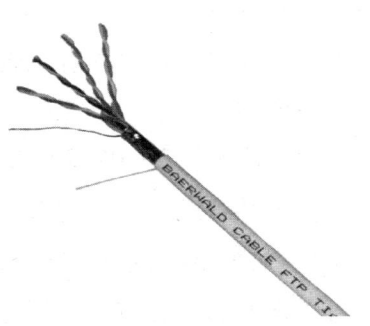

图 3-99 双绞线

等，从而实现数据传输和通信。双绞线的传输速率因其类型和规格而异，不同类型的双绞线可以支持不同的传输速率和距离。因此，在选择双绞线时，需要根据实际需求和应用场景进行合理选择。

双绞线可以分为屏蔽双绞线（shielded twisted pair，STP）和非屏蔽双绞线（unshieded twisted pair，UTP）两类。屏蔽双绞线具有一层铝箔或金属网的屏蔽层，可以有效减少电磁干扰，提高信号传输的质量。然而，屏蔽双绞线的制作工艺较为复杂，价格相对较高。非屏蔽双绞线则没有屏蔽层，价格较为低廉，但在易受干扰的环境中，其性能可能会受到影响。屏蔽双绞线如图 3-100 所示。

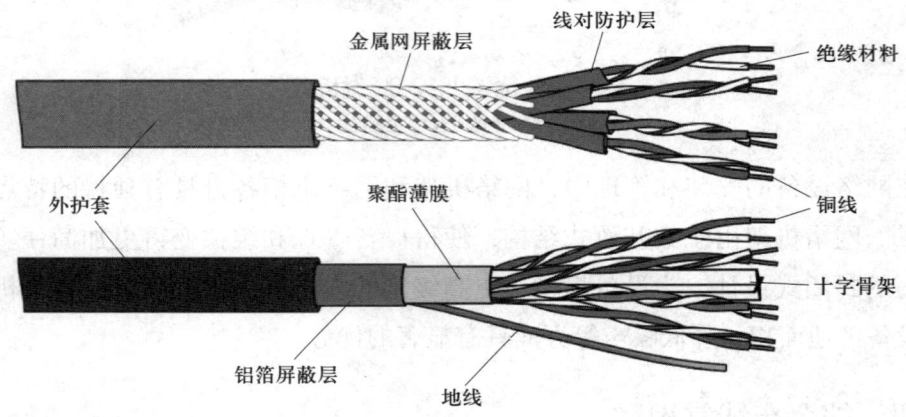

图 3-100　屏蔽双绞线内部结构

此外，根据线对缠绕密度的不同，双绞线还可以细分为 3 类、4 类、5 类、超 5 类、6 类、超 6 类、7 类、8 类等多种类型。类型数字越大，版本越新、技术越先进、带宽越宽，当然价格也越贵。这些不同类型的双绞线标注方法是这样规定的：如果是标准类型则按 "catx" 方式标注，如常用的 5 类线，则在线的外包皮上标注为 "cat5"，注意字母通常是小写，而不是大写。

3. 光缆

光缆也被称为光纤电缆，是一种广泛应用于通信领域的传输媒介。其基本结构主要包括缆心、加强钢丝、填充物和护套等部分。它主要由光导纤维（细如头发的玻璃丝）和塑料保护套管及塑料外皮构成，如图 3-101 所示。

光导纤维是光缆的关键组成部分，它由纯度极高的石英玻璃制成，直径通常在 8～125 μm。这些光导纤维具有极低的信号衰减特性，可以高效地传输光信号。

光缆的广泛应用使得通信领域发生了革命性的变化。它们能够提供高速、低损耗的数据传输，大大提高了通信网络的性能和容量。此外，光缆还具有抗电磁干扰、保密性强等优点，使其在现代通信领域具有举足轻重的地位。

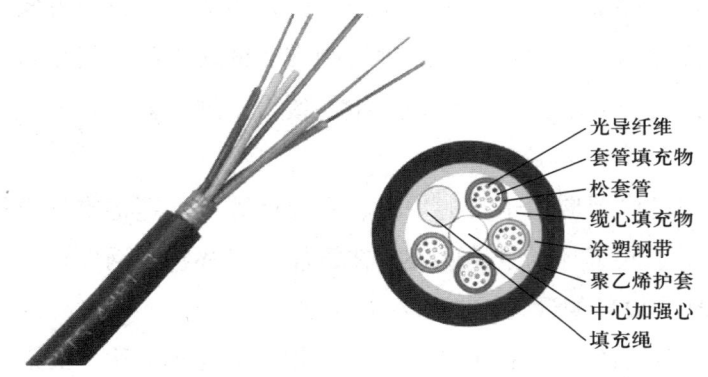

图 3-101　光缆

4. 同轴电缆

同轴电缆是一种电线及信号传输线，一般由四层物料组成：最里面是一条导电铜线，线的外面有一层塑胶（作绝缘体、电介质之用），绝缘体外面又有一层薄的网状导电体（一般为铜或合金），最外层是绝缘物料作为外皮，如图 3-102 所示。

图 3-102　同轴电缆

同轴电缆可用于模拟信号和数字信号的传输，适用于各种各样的应用场景，其中最重要的包括有线电视传播、长途电话传输、计算机系统之间的短距离连接以及局域网等。

5. 无线传输

无线传输技术在当今通信领域发挥着关键作用，实现了设备间的无线连接，大大提高了人们的工作效率和生活便利程度。以下是几种主要的无线传输类型。

（1）蓝牙技术（bluetooth）。蓝牙技术是一种低能耗、近距离的短程无线连接规范，旨在实现设备间无需电缆的数据传输。通过高速跳频和时分多址等先进技术，蓝牙技术可在短距离内以低成本将多台数字化设备连接成网络。

1998年5月，爱立信、诺基亚、东芝、IBM和英特尔公司五家厂商联合发起了蓝牙技术标准化活动，旨在提供一种短距离、低成本的无线传输应用技术。同时，这五家厂商还成立了蓝牙特别兴趣组，致力于推动蓝牙技术成为未来的无线通信标准。

蓝牙技术现已广泛应用于智能手机、平板计算机、笔记本计算机等设备之间的文件传输、音乐共享等场景。此外，在智能家居和物联网领域，蓝牙技术也有广泛应用，实现了设备的远程控制和智能互联。

蓝牙技术传输距离一般在10米以内，数据传输速率可达1 Mbps。蓝牙技术的优点是安全性较高，但传输距离相对较短。

（2）WiFi技术。WiFi技术是一种在局域网内实现计算机与其他设备无线连接的通信技术。它通过无线电波传输数据，使得用户无需使用有线连接或网线即可接入网络。

WiFi技术的发明可追溯至20世纪90年代中期，澳大利亚昆士兰大学的一位教授创立了"无线以太网"项目，旨在开发一种无线局域网技术。后来，该技术被更名为WiFi，以避免与以太网技术混淆。

在20世纪90年代末，WiFi技术逐渐开始应用于商业领域，并迅速成为主流的无线通信技术。随着时间的推移，WiFi技术的速度与覆盖范围不断提高，使得越来越多的设备能够接入网络，包括智能手机、平板计算机、笔记本计算机、打印机等。WiFi作为个人计算机和手持设备的主要无线连接方式，其覆盖范围广泛，数据传输速度可达54 Mbps。

在当今社会，WiFi技术已成为人们生活中不可或缺的一部分。无论是家庭、办公室还是公共场所，均可轻松连接到WiFi网络。此外，随着技术的不断发展，WiFi技术的安全性也得到显著提高，为用户提供更可靠的隐私与数据安全保障。

（3）5G技术。5G技术是指第五代移动通信技术，它是一种高速、低延迟的无线通信技术，可以提供更快的网络速度和更大的网络覆盖范围。5G技术是未来移动通信技术的重要发展方向，它将为人们的生活和工作带来更多的便利和可能性。

需要注意的是，在计算机WLAN设置中也会看到"5G"字样的相关设置，但此处的"5G"并不是指的第五代移动通信技术，而是指5GHz WiFi。此处的"5G"指的是其工作频率，它使用5GHz频段提供无线连接服务，相比传统的2.4GHz WiFi，提供了更高的数据传输速率（理论最高速度可达几个Gbps）、更低的延迟以及更好的多设备并行接入能力。5G 技术和 5G WiFi 虽然都采用了 5G 的名称，但它们是不同的技术，应用场景和收费方式也存在差异。

5G 技术的主要特点如下。

1）高速。5G 网络的传输速度比 4G 网络快得多，可以达到每秒 20 Gbps，这意味着用户可以更快地下载和上传数据，更流畅地观看视频和玩游戏。

2）低延迟。5G 网络的延迟非常低，只有几毫秒，这意味着可以更快地响应网络请求，更准确地执行操作。

3）大容量。5G 网络可以支持更多的设备同时连接，这意味着用户可以在任何地方都可以保持在线状态，享受更好的网络服务。

4）高可靠性。5G 网络采用了更先进的技术，可以提供更高的可靠性，即使在恶劣的条件下也能保持稳定的连接。

5G 技术是一种非常重要的技术，它将会对人们的生活和工作带来更多的便利和可能性。

（4）2.4G 无线技术。2.4G 无线技术指工作在 2.4GHz 频段的无线技术，其优点包括传输速度快、传输距离远、抗干扰能力强等。在家庭、办公场所、公共场所等，2.4G 无线技术被广泛应用，为人们的生活和工作带来了极大的便利。

在家庭中，2.4G 无线技术被广泛应用于无线网络、蓝牙等设备中。人们可以通过无线网络连接计算机、手机、平板等设备，实现随时随地访问互联网的目的。同时，2.4G 无线技术还可以实现多设备连接，例如多个手机、平板等设备可以同时连接到一个无线网络中，实现资源共享和数据传输。

在办公场所中，2.4G 无线技术可以帮助人们更加高效地完成工作任务。例如，通过无线网络连接打印机、投影仪等设备，可以随时随地打印文件、演示 PPT 等。同时，2.4G 无线技术还可以实现多设备连接，如多台计算机可以同时连接到同一个无线网络中，实现数据传输和文件共享。

在公共场所中，2.4G 无线技术可以帮助人们更加方便地获取信息。例如，通过无线网络连接公共信息发布系统、旅游景点信息查询系统等，可以随时随地获取所需的信息。

2.4G 无线技术已经成为现代生活中不可或缺的一部分。它不仅给人们的生活带来了便利，也为企业和公共场所提供了更加高效和便捷的工作方式。随着技术的不断发展，相信未来 2.4G 无线技术将会得到更加广泛的应用和推广。

除了上述几种常见的无线传输技术，还有多种其他类型的无线传输技术，如微波传输、红外传输、卫星传输以及无线 SmartAir 传输等。这些技术各有其特点和应用场景，为现代通信提供了丰富的选择。

6. 综合布线系统基本知识

综合布线系统是建筑物或建筑群内部之间的信息传输网络，用于连接各种通信设备和数据终端设备，提供灵活、高效、可靠的数据传输和通信服务。

综合布线系统特点如下。

（1）灵活性：采用标准化的线缆和连接硬件，可根据实际需求灵活配置，方便扩展和变更。

（2）可靠性：采用高品质的线缆和连接硬件，具有良好的抗干扰性能和稳定性，能够保证数据传输的可靠性和稳定性。

（3）高效性：采用高速数据传输技术，能够满足各种高速数据传输的需求，提高数据传输效率。

（4）安全性：采用加密技术和其他安全措施，能够保证数据传输的安全性和保密性。

综合布线系统主要包含 7 个子系统：工作区子系统、水平子系统、管理子系统（楼层配线子系统）、进线子系统、垂直主干子系统、设备间子系统（中心机房）、建筑群连接子系统。

综合布线系统上述 7 个子系统均能够独立运行，且互相之间不会受到影响，可为整体综合布线系统提供相应的服务；同时，在各子系统协调作业的条件下，能够保证整体综合布线系统的稳定、高效、安全运行，提高运行效益。

培训课程 2 计算机结构件常识

学习单元 1　计算机外观结构件

一、计算机外观结构件定义

计算机外观结构件是指构成计算机外部外观和框架结构的各种组件和部件。这些组件通常用于保护计算机内部硬件，并提供用户与计算机进行交互的界面。

计算机外观结构件主要包括显示器底座、机箱托架（底座）、机箱等。

二、显示器底座

显示器底座是支撑和固定显示器的组件，可分为固定式底座和可调式底座。

1. 固定式底座

固定式底座是最常见的底座类型。它通常由坚固的材料（如金属）制成，可稳固地放置在桌面上，如图 3-103 所示。这种类型的底座通常只能提供基本的倾斜调整。

图 3-103　固定式底座

2. 可调式底座

可调式底座允许用户根据自己的需求调整显示器的高度、倾斜角度和旋转角度，如图 3-104 所示。这种类型的底座可以提供更舒适和符合人体工程学的使用体验。

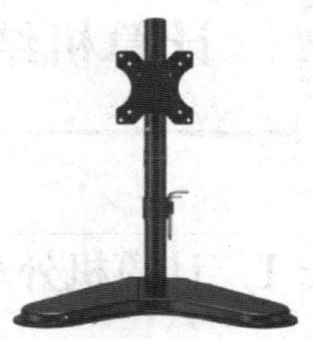

图 3-104　可调式底座

三、机箱托架（底座）

机箱托架是一种用于支撑计算机机箱的组件，通常由坚固的材料（如钢铁或铝合金）制成，位于计算机机箱底部，如图 3-105 所示。

图 3-105　机箱托架

机箱托架通常分为固定式和可移动式两种类型。

1. 固定式托架

固定式托架是最常见的类型，它通常由坚固的材料制成，可稳固地支撑机箱。这种托架适用于大多数普通计算机使用场景。

2. 可移动式托架

可移动式托架允许用户轻松地移动机箱，因为它们的底部带有轮子。这种托架通常用于需要经常搬动计算机的场景。

稳定性是机箱托架的重要特征,它要确保计算机机箱不会倾斜或摇晃。用户应该选择稳定性良好的机箱托架,以确保计算机机箱始终保持稳定和安全。

四、机箱

机箱作为计算机硬件的重要组成部分,其主要功能是保护、支撑以及固定计算机内部的各个部件。它通常包含外壳、支架、面板上的各种开关及指示灯等。

1. 机箱类型

机箱拥有多种类型,包括 ATX 机箱、Micro-ATX 机箱、Mini-ITX 机箱等。

(1) ATX 机箱。ATX 机箱是最常见的计算机机箱类型之一。它是一种标准化的机箱尺寸和布局,适用于大多数台式计算机。ATX 机箱通常具有扩展槽、内部支架和前后面板接口等,如图 3-106 所示。

(2) Micro-ATX 机箱。Micro-ATX 机箱是比 ATX 机箱更小,适用于较小的计算机系统的机箱。它通常具有较少的扩展槽和较紧凑的布局,但仍能容纳主板、电源和其他必要的组件,如图 3-107 所示。

图 3-106 ATX 机箱

图 3-107 Micro-ATX 机箱

(3) Mini-ITX 机箱。Mini-ITX 机箱是最小的机箱类型,适用于小型计算机系统。它通常只能容纳 Mini-ITX 尺寸的主板和少量的扩展槽,适用于需要节省空间的场景,如图 3-108 所示。

图 3-108　Mini-ITX 机箱

（4）E-ATX 机箱。E-ATX 机箱就是可以安装 E-ATX 主板类型的机箱，E-ATX 主板的尺寸为 305 mm×330 mm。这类机箱一般适用于服务器，不适合家庭用户或办公使用，只有公司搭建机房时才会用到。

（5）RTX 机箱。RTX 全称 reversed technology extended，采用倒置设计，也就是主板反装，使用的主板还是 ATX。现在 RTX 机箱的使用比较少，它的优点是缩短了电源给 CPU 供电的距离，并且优化了散热风道。

2. 机箱散热系统

机箱散热系统主要包括各种风扇和水冷系统。

（1）前置风扇和后置风扇。机箱通常配备了前置风扇和后置风扇，用于空气流通和散热。前置风扇吸入外部空气，后置风扇排出热空气，以保持内部组件的温度在可接受范围内，如图 3-109 所示。

图 3-109　前置风扇和后置风扇

（2）侧面风扇。一些机箱还具有侧面风扇，用于为显卡等热量较高的组件提供额外的散热支持，如图 3-110 所示。

图 3-110　侧面风扇

（3）水冷系统。水冷系统是一种利用液体（通常是水或者其他冷却液）作为热传导介质的散热系统。该系统主要由水冷头、散热排（冷排）、水箱、水泵、水管以及水冷液等构成，如图 3-111 所示。

图 3-111　机箱中的水冷系统

3. 机箱材料和设计

机箱通常由金属材料（如钢铁或铝合金）制成，保护内部组件免受外界物理损害。

一些机箱还采用钢化玻璃侧板设计，以展示内部组件并增强视觉效果。机箱的设计也会考虑到布线、易于拆卸和安装、噪声控制等因素。

4. 机箱前置面板

机箱前置面板是位于机箱前部的一块面板，上面通常包含了各种接口和按钮，用于方便用户连接外部设备和进行计算机操作，如图 3-112 所示。

图 3-112　机箱前置面板

机箱前置面板主要包含以下几个部分。

（1）USB 接口。机箱前置面板通常会提供多个 USB 接口，用于连接外部设备，如鼠标、键盘、U 盘、移动硬盘等。

（2）音频接口。机箱前置面板上通常会有音频接口，包括耳机接口和麦克风接口。这些接口允许用户方便地连接耳机、扬声器、麦克风等音频设备。

（3）电源按钮和重置按钮。机箱前置面板上通常会有电源按钮和重置按钮。电源按钮用于开启或关闭计算机电源，而重置按钮用于重新启动计算机系统。

（4）LED 指示灯。机箱前置面板上的 LED 指示灯可以显示计算机的工作状态。常见的指示灯有电源指示灯（显示计算机是否已经开启）、硬盘活动指示灯（显示硬盘读写活动）等。

（5）扩展卡接口。一些机箱前置面板上可能会有扩展卡接口，用于连接各种扩展卡，如显卡、声卡、网卡等。这样可以方便插拔操作，无须打开整个机箱。

（6）其他接口。除了上述常见的接口，机箱前置面板还可能提供其他类型的接口，如 eSATA 接口（用于连接外部硬盘）、SD 卡读卡器、闪存接口等。

一些机箱前置面板还采用了美观的设计，如镜面面板、RGB 灯效等，以提高机箱的外观吸引力。

5. 服务器机箱

服务器机箱的外观设计和材质因服务器的用途和性能要求不同而有所不同，但通常都具有良好的散热性能和电磁屏蔽性能，如图 3-113 所示。

（1）服务器面板。服务器的前后面板是其外部接口和控制中心的关键部分。根据服务器的类型和用途，面板的设计也有所不同，但通常都应具有美

图 3-113　服务器机箱

观、易于使用和防尘等性能。

服务器的前面板是服务器机箱正面的部分，用于连接和管理服务器的各种硬件设备和接口。它一般包括电源指示灯、USB 接口、显示器接口和其他指示灯等，不同服务器会有所不同，用户可以通过前面板监控服务器的状态或者连接外部设备，并进行一些基本的操作。服务器前面板如图 3-114 所示。

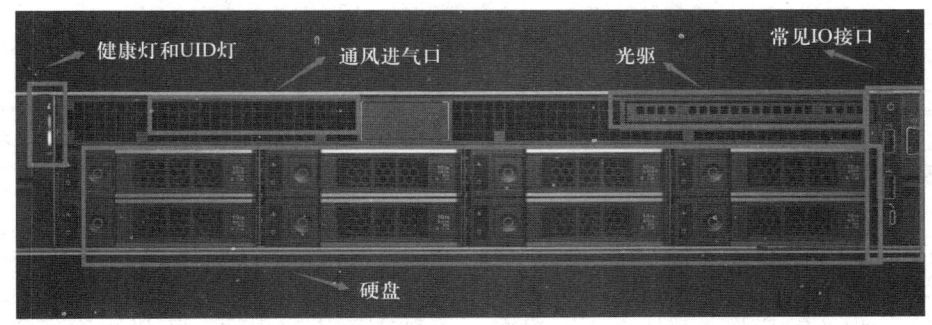

图 3-114　服务器前面板

服务器的后面板是服务器机箱背面的部分，用于连接和管理服务器的各种硬件设备和接口。它包括电源接口、扩展插槽、硬盘插槽、服务器风扇、网络接口（LAN 口）和管理口等。用户可以通过后面板连接电源、扩展功能、存取数据等。后面板提供了丰富的接口，使得服务器的功能更加强大，也更加便于管理和维护，如图 3-115 所示。

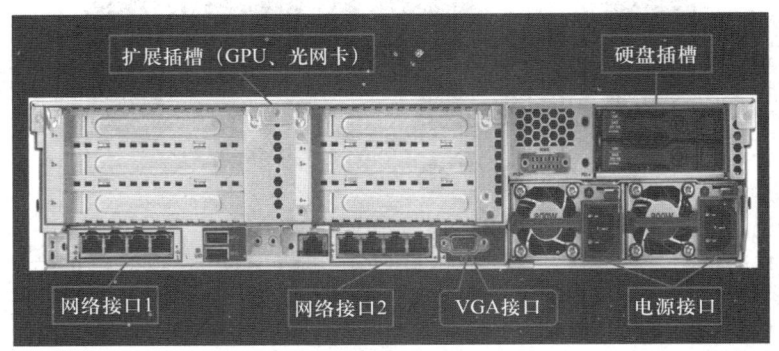

图 3-115　服务器后面板

（2）服务器盖板。服务器盖板是安装在服务器机箱顶部或侧面的覆盖板，在保护服务器内部组件、提供散热、确保安全性等方面起着重要的作用。在维护或升级服务器时，需要打开盖板，但在正常运行时，要保持盖板紧闭。服务器盖板如图 3-116 所示。

图 3-116 服务器盖板

学习单元 2　计算机内部结构件

一、台式机内部结构件

台式机通常由独立的显示器、键盘、鼠标和主机箱组成，主机箱内包含了各种硬件设备。主机箱立体图如图 3-117 所示。

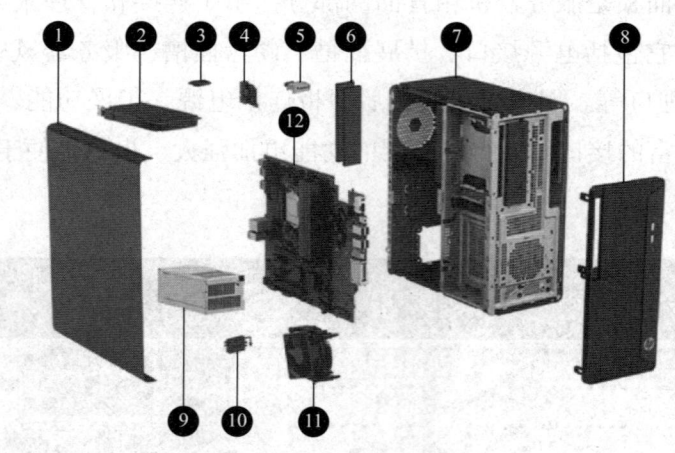

图 3-117　主机箱立体图

1—机箱侧板　2—扩展卡　3—WLAN 模块　4—功能扩展板　5—读卡器　6—内存
7—机箱　8—前挡板　9—主机电源　10—报警器　11—散热器　12—主板

1. 机箱侧板

台式机的机箱侧板是指位于台式机机箱侧面的一块可拆卸的金属板或塑料板。它通常通过螺钉或卡扣与机箱本体连接，如图 3-118 所示。

机箱侧板的作用是保护计算机内部的硬件设备，并确保其正常工作。同时，机箱侧板也为用户提供了对计算机内部硬件进行操作的便利途径，以进行维护、清洁、升级等操作。

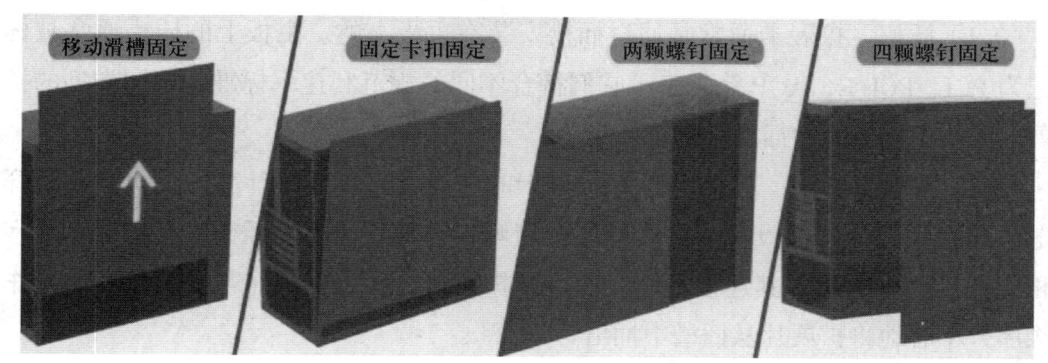

图 3-118　机箱侧板

金属材料的机箱侧板具有更好的耐久性和散热性能，而塑料材料的机箱侧板则更轻便和易于加工。

机箱侧板的安装和拆卸通常需要使用旋具或其他工具，以解开螺钉或卡扣。在进行这些操作时，需要注意计算机内部的电线和连接器，以免造成损坏或短路。

在拆卸机箱侧板时，需要确保计算机已经关闭，并且断开电源和其他外部设备。此外，为了避免触电风险，建议在进行任何维护操作之前先接地。

不同品牌和型号的台式机机箱侧板可能具有不同的设计和组装方式。因此，在进行机箱侧板的安装和拆卸操作之前，建议先查阅相关的产品文档或联系制造商获得技术支持。

2. 扩展卡

扩展卡是一种可插拔的电路板，用于在计算机系统中增加额外的功能或性能。在台式机中，扩展卡通常是通过插槽的形式安装在主板上，并与其他硬件设备相连接。

（1）类型。扩展卡的类型多种多样，包括显卡、声卡、网卡、固态硬盘、RAID 卡等，如图 3-119 所示。每种扩展卡都提供了不同的功能和性能，满足不同的需求。

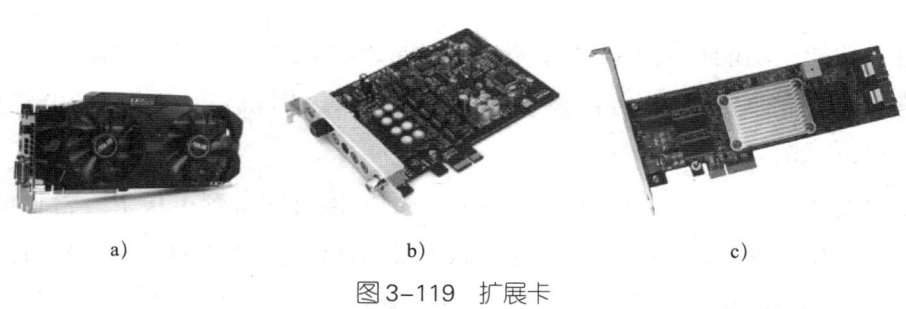

图 3-119　扩展卡
a）显卡　b）声卡　c）RAID 卡

（2）插槽。扩展卡通常是通过插槽安装在主板上的。主板上的插槽通常被标记为 PCI、PCI-E、AGP 等，表示它们符合不同的规范和速率标准。不同类型的扩展卡需要不同类型的插槽来支持。

（3）安装和拆卸。安装和拆卸扩展卡时，通常需要先将计算机关机，并断开电源和移除其他外部设备。需要打开机箱侧板并找到适当的插槽，将扩展卡插入相应的插槽中，确保其连接牢固。在拆卸扩展卡时，需要按照与安装相反的操作顺序，小心地将扩展片从插槽中抽出。

在安装和拆卸扩展卡时，需要避免触电和静电干扰。应在进行任何维护操作之前先接地，并使用防静电手环或其他防静电设备。

不同类型和品牌的扩展卡可能具有不同的规格、速率和性能特点。因此，在选择扩展卡之前，应先仔细查看其技术参数和兼容性要求，以确保其能够与计算机系统兼容并满足需求。

3. 功能扩展板

在台式机中，功能扩展板是一种可选的扩展设备，用于增加额外的功能或性能。它通常是一块电路板，可以插入到主板上的扩展槽或接口中，如图3-120所示。

图3-120 功能扩展板

（1）功能。功能扩展板提供了不同的功能和扩展选项，以满足用户特定的需求。常见的功能扩展板包括音频卡、视频捕捉卡、串口/并口卡、USB扩展卡、SATA扩展卡等。

（2）安装方式。功能扩展板通常通过插槽或接口连接到主板上。常见的插槽类型包括 PCI、PCI-E、AGP 等，而接口类型则可能包括 USB、SATA、FireWire 等。在安装功能扩展板之前，需要确保与主板兼容，并根据制造商提供的说明进行正确的插槽安装。

（3）驱动程序。安装功能扩展板后，通常需要安装相应的驱动程序，以确保操作系统能够正确识别、与功能扩展板进行通信。这些驱动程序通常由功能扩展板制造商提供，可以从其官方网站或光盘中获取。

安装功能扩展板时需要注意静电防护、正确插入插槽并连接相应的电缆或接口。不同型号和品牌的台式机可能具有不同类型和数量的扩展槽或接口，因此在选购功能扩展板之前，建议查阅台式机的规格说明书，以确定适用的扩展槽类型和数量。

二、笔记本电脑内部结构件

笔记本电脑由多个结构件组成。图3-121所示是笔记本电脑的立体图，展现了笔记本电脑的内部结构。

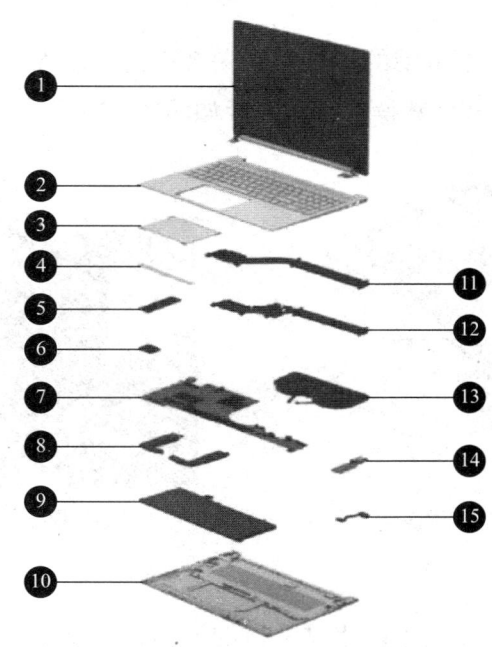

图3-121 笔记本电脑立体图

1—显示屏 2—带键盘的顶盖 3—触控板 4—触控板支架 5—固态硬盘 6—WLAN模块 7—系统主板 8—扬声器 9—电池 10—底盖 11—散热器 12—散热器 13—风扇 14—USB/音频板 15—电源连接器电缆

1. 显示屏

笔记本电脑的显示屏是用户与计算机交互的主要界面，它起着呈现图像、文字和视频的重要作用。

大多数笔记本电脑使用液晶显示器作为显示屏。液晶显示器由许多像素组成，每个像素都可以控制红、绿、蓝三种颜色的亮度，从而呈现出丰富的色彩和清晰的图像。

除了传统的液晶显示器外，一些笔记本电脑还采用了其他显示技术，如OLED（有机发光二极管）、IPS（广角度显示技术）、QLED（量子点发光二极管）等。这些技术能够提供更高的色彩饱和度、更广的视角和更灵敏的触控功能，满足不同用户的需求。

2. 带键盘的顶盖

笔记本电脑的键盘是一种用于输入文字和执行功能命令的设备，它通常由一排字母、数字、符号和一些特殊键组成。在组装笔记本电脑时，键盘通常是通过一系列卡扣、螺钉或黏合剂固定在顶盖上的。键盘背后有一条扁平的电缆连接到主板上，以便传输按键信号。带键盘的顶盖如图3-122所示。

3. 触控板

通常情况下，笔记本电脑的触控板是一个平滑的表面，位于键盘下方，用于替代鼠标进行光标控制和手势操作。触控板如图3-123所示。

图3-122 带键盘的顶盖

图3-123 触控板

触控板的功能如下。

（1）触摸控制。触控板可以通过手指的滑动、轻触或点击来实现光标的移动和点击操作。通常，单指滑动相当于在屏幕上移动光标，单指轻触相当于单击等。

（2）多点触控手势。触控板支持多点触控手势，如放大缩小、旋转、横向滚动和纵向滚动等。这些手势可以通过同时使用两个或更多手指来实现。

（3）手势操作。除了基本的滑动和点击操作之外，触控板还支持更复杂的手势操作，如三指拖动、四指滑动和五指捏合等。这些手势可以用于执行特定的功能或快捷操作，如切换应用程序、导航页面等。

（4）设置和自定义。笔记本电脑通常提供软件或设置界面，允许用户根据个人喜好和需求调整触控板的灵敏度、滚动速度、手势设置等。用户可以通过这些设置来优化触控板的使用体验。

（5）触控板按钮。一些笔记本电脑触控板上还可能具有物理按钮，用于模拟鼠标左键和右键的点击操作。这些按钮通常位于触控板的底部，用户可以通过它们来执行相应的操作。

不同品牌和型号的笔记本电脑触控板可能会有不同的设计、功能和操作方式。

4. 触控板支架

通常情况下，笔记本电脑触控板支架是指固定触控板的结构或框架，它用于将触控板安装在笔记本电脑的顶盖上。触控板支架的设计和材质可以根据不同的笔记本电脑品牌和型号而有所不同，如图 3-124 所示。

图 3-124 触控板支架

（1）材质。触控板支架通常由塑料、金属或其他合适的材料制成。材质影响支架的坚固性和耐用性。

（2）固定方式。触控板支架通常使用螺钉、卡扣或胶水等方式与笔记本电脑的顶盖连接。具体的固定方式可能因品牌和型号而异。

（3）布局和尺寸。触控板支架的布局和尺寸通常与触控板本身相匹配，以确保触控板能够正确安装。

（4）连接方式。触控板支架通常通过柔性电缆或其他连接器与主板连接，以传输触控板的信号和数据。

5. 系统主板

笔记本电脑的系统主板是计算机的核心组件之一，也被称为主板、母板或主电路板。它起到连接和支持各种硬件设备的作用，并提供处理器、内存、显卡、存储设备等所需的接口和电源,如图 3-125 所示。

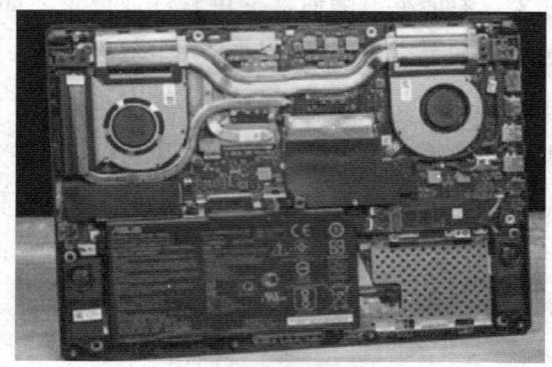

图 3-125 系统主板

系统主板的质量和规格对笔记本电脑的性能和扩展能力有重要影响。

6. 电池

笔记本电脑的电池是提供笔记本电脑移动性和独立供电的重要组件。它允许用户在没有外部电源的情况下继续使用计算机。电池如图 3-126 所示。

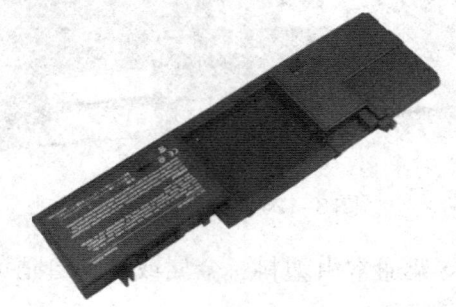

图 3-126 电池

它具有不同的容量和使用时间,可以通过充电器或 USB 充电。用户可以通过省电模式来延长电池寿命,并通过定期的维护来延长电池的寿命。

7. 底盖

笔记本电脑的底盖位于计算机底部的外壳,用于覆盖和保护内部组件,如图 3-127 所示。

底盖是笔记本电脑整体结构的一部分,通常由塑料或金属制成。塑料底盖轻巧且相对便宜,而金属底盖则更坚固和耐用。底盖具有以下特点和作用。

(1)保护内部组件。底盖主要提供保护作用,防止尘埃、异物和意外碰撞对内部组件造成损害。

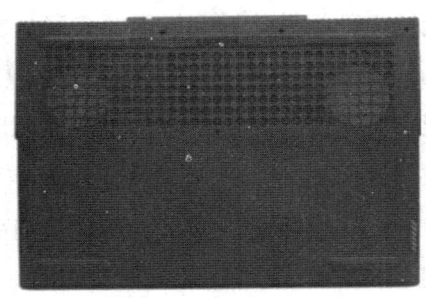

图 3-127　底盖

（2）散热和通风。底盖上通常有散热孔和通风口，用于散发热量以保持计算机的正常工作温度。这些孔和口可以使热空气流出，新鲜空气流入，以防机器过热。

（3）便于维修和升级。底盖通常会有一些可拆卸的盖板或面板，便于用户进行内部硬件的维修和升级。例如，可以拆下底盖来更换内存条、固态硬盘或者清洁风扇。

（4）具有各种接口和插孔。底盖上还会有各种接口和插孔，用于连接外部设备和插头，如 USB 接口、HDMI 接口、音频插孔等。这些接口和插孔可以在需要时方便地连接外部设备。

（5）防滑和稳定。底盖通常设计有防滑垫或脚垫，防止笔记本电脑在使用过程中滑动。

8. 散热器

笔记本电脑的散热器是用于维持计算机内部温度正常的重要组件，其作用类似于台式计算机的散热器，如图 3-128 所示。

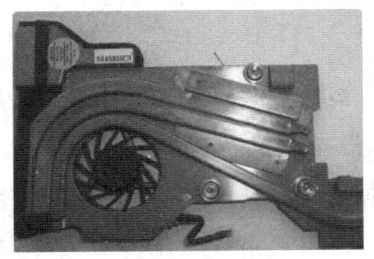

图 3-128　散热器

笔记本电脑通常配备一个或多个散热器，它们位于计算机底部或侧面，并通常与内部的风扇结合在一起。

散热器由金属制成，通常是铜或铝，具有许多细小的散热片或散热管。这些设计有助于快速地将热量从内部组件传导到散热器表面，并利用风扇吹走热空气。

一些高端笔记本电脑使用散热管来提高散热效率。散热管是一种热传导装置，通过液体或者气体的相变来快速传导热量，将热量从热源区域传递到散热片上。

大多数笔记本电脑散热器都配备了风扇，用于加速空气流动以提高散热效果。风扇会将周围的冷空气吸入，并将热空气排出，以维持内部温度正常。

一些高性能笔记本电脑还会采用更复杂的散热设计，如设置多个散热管、风扇甚至采用液冷系统，以确保笔记本电脑在高负荷运行时仍能保持温度的稳定。

为了保持散热器的良好工作状态，用户需要定期清洁散热器表面和风扇，以防止灰尘和杂物堵塞风道，影响散热效果。

9. 风扇

笔记本电脑的风扇是散热系统至关重要的组件，它起着散发热量、保持内部温度稳定的关键作用，如图3-129所示。

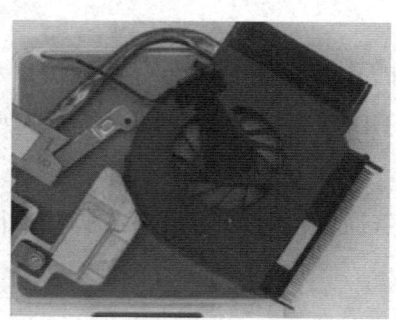

图3-129　风扇

笔记本电脑通常装有一个或多个风扇，用于将热空气吹出并吸入冷空气。这些风扇通常位于笔记本电脑底部或侧面，有时也会放置在键盘后部或屏幕铰链附近。

笔记本电脑风扇通常由塑料或金属制成，其内部包含电动机和叶片。电动机驱动叶片旋转，产生气流以散发热量。

风扇的主要作用是加速空气流动，从而帮助散热器将热量传递到周围环境中。它们通常与散热器结合使用，将热空气吹出并吸入冷空气，以维持计算机内部温度在可接受范围内。

许多笔记本电脑风扇具有可变速功能，根据内部温度和负载情况自动调整转速，有助于节能和降低噪声。

为了确保风扇的正常运行，用户需要定期维护、清洁风扇和通风口，以防止灰尘和杂物堵塞风道,影响散热效果。

10. USB/音频板

USB/音频板是一种在笔记本电脑中常见的组件,它集成了 USB 接口和音频接口的功能,如图 3-130 所示。

图 3-130　USB/音频板

(1) USB 接口。USB 接口是一种常用的数字接口标准,用于连接外部设备和计算机。USB 接口可以支持数据传输、充电和连接各种外围设备,如鼠标、键盘、打印机、移动存储设备等。USB 接口具有广泛的适用性和可插拔性。

(2) 音频接口。音频接口用于连接耳机、扬声器、麦克风等音频设备。通常,音频接口使用 3.5 毫米的立体声插孔(耳机插孔),用于输出和输入音频信号。

11. 电源连接器电缆

笔记本电脑的电源连接器电缆是连接笔记本电脑和电源适配器之间的组件,它承担着将电源适配器提供的电能传输到笔记本电脑内部的重要任务,如图 3-131 所示。

图 3-131　电源连接器电缆

电源连接器电缆通常一端连接笔记本电脑的电源接口,另一端连接电源适配器。这种连接方式可以确保笔记本电脑在使用过程中得到持续的电源供应。

电源连接器电缆通常由多股绝缘导线组成,外层包裹着保护材料,以确保电缆的安全和耐用性。一些电缆还可能包含防护层或者金属编织层以增强耐磨性并防止干扰。

电源连接器电缆负责将电源适配器输出的直流电传输到笔记本电脑内部的电池或直接供电电路中。在传输电能的过程中,电缆需要保证电能的稳定传输,以确保笔记本电脑的正常运行。

电源连接器电缆的连接器接头通常采用特殊设计,以确保正确的插入方向和连接的稳固,同时一些设计还会考虑防止意外断开连接。

为了确保电源连接器电缆的正常使用,用户需要注意避免过度弯曲或拉扯电缆,并定期检查连接器和电缆本身的外观是否有损坏或老化现象。

三、一体机内部结构件

一体机是一种集成了显示器和计算机主机的设备,它将显示器和计算机的主要组件整合在一个外壳中。尽管一体机在设计和使用上有许多优点,但由于其结构紧凑,硬件的升级和更换相对困难。此外,一体机的性能可能受到散热和空间限制的影响,因此对于需要高性能和灵活性的用户来说,传统台式机可能更加合适。一体机立体图如图3-132所示。

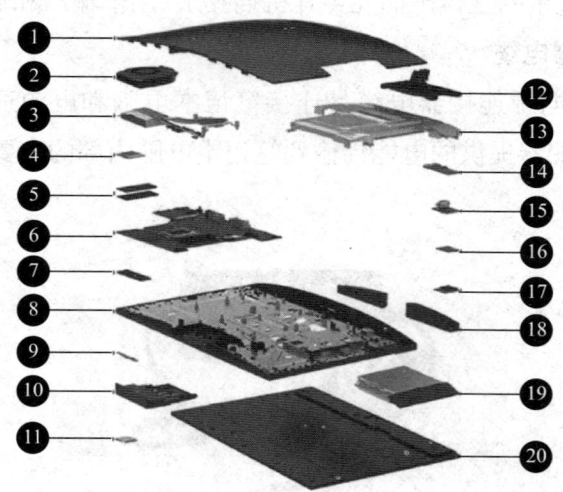

图3-132 一体机立体图

1—后盖 2—系统散热风扇 3—散热片 4—处理器 5—内存 6—主板 7—固态硬盘
8—系统机箱 9—摄像头模块 10—摄像头安装槽 11—WLAN模块 12—支架 13—内部屏蔽罩
14—USB/电源键 15—I/O端口 16—USB板 17—读卡器 18—扬声器 19—光驱 20—触摸屏

1. 后盖

一体机后盖是指位于一体机背部的外壳,它覆盖了内部主机和连接电路,对内部组件提供了保护和访问接口，如图 3-133 所示。

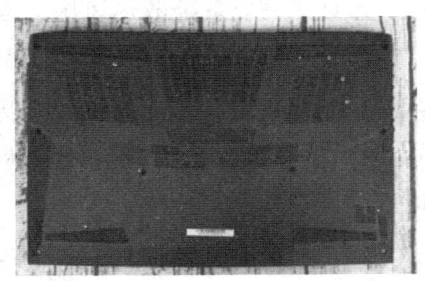

图 3-133　一体机后盖

（1）材质和外观。一体机后盖通常采用高强度塑料或金属材料制成，以提供稳定的结构和提高耐用性；经过精心设计，以适应整个一体机的外观风格，并与显示器和底座完美融合。

（2）开启方式。一体机后盖的开启方式因不同品牌和型号而异。常见的开启方式包括螺钉固定、卡扣式开启和滑动开启。用户可以根据需要进行拆卸和安装。

（3）内部组件访问。一体机后盖可以令用户较便捷地对内部组件进行操作，使用户可以更换或升级硬件。通常，用户可以通过后盖对内存插槽、硬盘/固态硬盘插槽、扩展卡槽等进行操作。这使维修和硬件升级变得更加便捷。

（4）散热设计。一体机后盖上通常会有散热孔和风扇通风口，用于散发内部产生的热量。良好的散热设计可以确保内部硬件的稳定运行，并避免过热。

（5）连接接口。一体机后盖上还会有各种连接接口，如 USB、HDMI、音频接口等。这些接口位于后盖的侧面或底部，用于连接外部设备和扩展设备。

2. 系统散热风扇

一体机系统散热风扇是一种用于冷却内部硬件的关键组件。它产生气流并将热空气排出一体机，确保内部硬件的温度保持在安全范围内，如图 3-134 所示。

图 3-134　系统散热风扇

（1）位置和数量。一体机系统散热风扇通常位于一体机后盖的散热孔或风扇通风口处。一台一体机通常至少有一个系统散热风扇，较大型号的可能会有多个系统散热风扇。

（2）智能控制。一些高端一体机系统散热风扇具有智能控制功能，可以根据内部温度和负载情况自动调整风扇速度，以提供最佳的散热效果并降低噪声水平，提高系统的稳定性和耐用性。

（3）维护和清洁。为了确保系统散热风扇的正常工作，用户需要定期清洁风扇及其周围的散热孔。尘埃和杂物的积聚可能会影响风扇的运转和散热效果。用户可以使用除尘器或软刷等工具清洁风扇和散热孔。

3. 散热片

一体机的散热片是用于散热的重要部件，通常被安装在 CPU 或 GPU 上。它的作用是通过增大散热面积加速热量传导和散发，从而保持 CPU 或 GPU 的正常工作温度，如图 3-135 所示。

图 3-135　散热片

（1）材质和结构。散热片通常由金属制成，如铝合金或铜，因为金属具有良好的导热性能。散热片的表面会经过特殊处理，以增加其与系统散热风扇或散热导管的接触面积，提高散热效果。

（2）安装位置。散热片直接安装在 CPU 或 GPU 上，通过热导胶或热导垫实现紧密接触。这样可以有效地将芯片产生的热量传递到散热片上，为后续的散热处理提供条件。

（3）散热方式。散热片通常与系统散热风扇或散热导管一起使用，实现协同散热。当热量被传导到散热片上后，系统散热风扇通过空气流动来帮助热量散发，而散热导管则将热量传递到散热片的其他区域进行散热。

（4）性能和设计。散热片的性能受到其表面积、金属材料的导热性能、设计结构以及与其他散热部件的协同工作情况等因素的影响。厂商通常会根据特定的 CPU 或 GPU 型号设计散热片，以确保散热效果最佳。

（5）维护和更换。散热片通常不需要频繁维护，但定期清洁确保其表面无灰尘和杂物可以帮助保持散热效果。在更换 CPU 或 GPU 时，可能需要更换散热片，同时也需要应用新的热导胶或热导垫。

4. 系统机箱

一体机系统机箱是指整合了计算机主板、显示器和其他关键组件的外壳。它与传统台式机的机箱有所不同，因为它将所有硬件设备集成在一个结构中，没有可拆卸的部件，如图 3-136 所示。

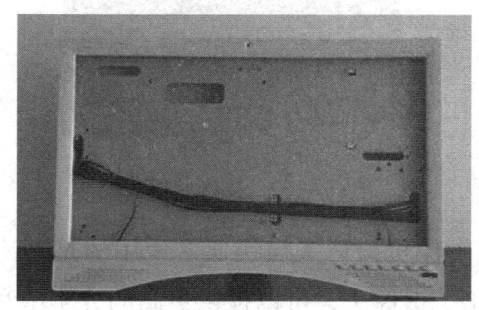

图 3-136　系统机箱

（1）结构。一体机系统机箱通常由金属或塑料制成，具有紧凑的设计，使整个计算机系统看起来简洁而整齐。它通常包括一个显示器面板、一个主板安装区域以及其他硬件安装空间。

（2）显示器面板。一体机系统机箱的前面板通常是显示器，可以是液晶显示器或其他类型的显示器。显示器面板上可能还会有一些控制按钮或接口，用于调整显示设置或连接外部设备。

（3）主板安装区域。一体机系统机箱内部有一个专门的区域用于安装主板，通常是垂直安装的。主板上的芯片组、处理器、内存插槽和其他组件都位于这个区域内。

（4）硬件集成。除了主板和显示器之外，一体机系统机箱还会集成其他关键硬件，如电源、固态硬盘和扬声器等。这些硬件被安装在机箱内部，以实现整体的集成和节省空间。

（5）散热和通风。由于一体机系统机箱是一个封闭的结构，它需要适当的散热和通风系统来保持硬件的正常运行温度。通常会有风扇和散热器来确保空气流通并有效散发热量。

（6）可维修性。与传统台式机相比，一体机系统机箱的可维修性较低。如果出现硬件故障，可能需要专业技术人员来进行维修或更换整个机箱。

5. 摄像头模块

一体机摄像头模块是指安装在一体机上的用于拍摄照片和录制视频的摄像头设备。它通常集成在显示器的上方或顶部边框中，并与计算机系统连接，提供视频聊天、视频会议、拍摄照片等功能，如图3-137所示。

图3-137　摄像头模块

（1）摄像头类型。一体机摄像头模块通常使用的是高清晰度（high definition，HD）或全高清（Full HD）摄像头，可以提供更高的分辨率和更出色的画质。

（2）位置和可调性。一体机摄像头模块通常位于显示器的上方或顶部边框中，便于用户在视频通话时将摄像头对准自己。有些摄像头还允许用户进行水平和垂直调整，以获得最佳的拍摄角度。

（3）自动对焦。许多一体机摄像头模块具有自动对焦功能，可以根据环境和距离调整焦点，确保拍摄的图像清晰。

（4）麦克风。一些一体机摄像头模块还集成了麦克风，使用户可以进行语音通话或语音命令。

（5）隐私保护。考虑到用户的隐私，一些一体机摄像头模块配备了隐私保护功能，如可关闭的物理快门或软件开关，以防止未经授权的访问。

（6）兼容性。一体机摄像头模块通常与操作系统兼容，并且可以与各种视频通话软件和应用程序一起使用，如腾讯会议、微信等。

6. 摄像头安装槽

一体机摄像头安装槽是一种用于固定和安装摄像头模块的槽口或插槽，如图3-138所示。

（1）位置和设计。一体机摄像头安装槽通常位于一体机主机的顶部、前面板或后面板等位置，具体的位置和设计取决于一体机的型号和厂商。一体机摄像头安装槽通常是一个开口或凹槽，容纳摄像头模块并确保其稳固安装。

图 3-138　摄像头安装槽

（2）连接方式。一体机摄像头安装槽通常具有特定的连接接口，用于与摄像头模块进行连接。这些接口通常是插头或插孔，以便摄像头模块能够正确地插入并与一体机主机进行电力和数据传输。

（3）固定机制。为了确保摄像头模块的安全固定，一体机摄像头安装槽通常配备固定机制，如螺钉、卡扣或快速插拔设计。这些机制可以确保摄像头模块牢固地安装在一体机主机中，避免在使用过程中松动或脱落。

（4）灵活性和可升级性。一些一体机摄像头安装槽具有灵活性和可升级性，允许用户更换或升级摄像头模块。这样，用户可以根据需要选择不同类型的摄像头模块，以满足不同的拍摄需求。

7. 内部屏蔽罩

一体机内部屏蔽罩是一种用于保护电子设备内部元件的结构。它能够有效地隔离电磁辐射和干扰，防止干扰源对设备产生影响，并提高设备的抗干扰能力，如图 3-139 所示。

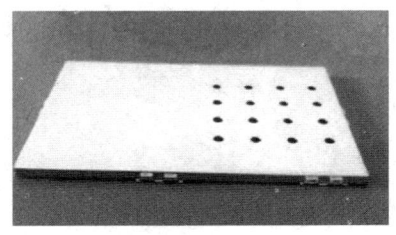

图 3-139　内部屏蔽罩

（1）设计和材质。一体机内部屏蔽罩通常采用金属材料（如钢、铝合金等），经过精密加工制造而成。它的设计考虑到了一体机内部元件的布局和尺寸以及外部环境中可能存在的干扰因素。

（2）功能和作用。一体机内部屏蔽罩主要用于屏蔽电磁辐射和干扰，保护设备内部元件免受外界干扰的影响,并提高设备的稳定性和可靠性,保持设备的正常工作。

(3)安装位置和方法。一体机内部屏蔽罩通常安装在设备内部,固定在主板或其他元件上。安装时需要注意连接的准确性和稳固性,以确保屏蔽效果和设备的正常工作。

培训课程 3 计算机产品常见标识符号和性能参数

学习单元 1　电子电气符号和性能参数

一、常用电子电气符号

1. 电气图形符号的种类

电气图形符号一般分为限定符号、一般符号、方框符号以及标记或字符。限定符号不能单独使用,必须同其他符号组合使用,构成完整的图形符号。方框符号一般用在使用单线表示法的图中,如系统图和框图中。方框符号内带有限定符号,以表示对象的功能和系统的组成,如整流器图形符号,由方框符号内带有交流和直流的限定符号以及可变性限定符号组成。

2. 电气图形符号的分类

(1) 电气限定符号和常用的其他符号包括电流和电压的种类、可变性、流动方向、机械控制、操作方法、非电量控制、接地和接机壳等。

(2) 电气导线和连接器件图形符号包括导线、端子和导线的连接、连接器件、电缆附件等。

(3) 电气无源元件图形符号包括电阻器、电感器、电容器等。

(4) 半导体和电子管图形符号包括二极管、晶闸管、光电子、光敏器件等。

(5) 开关、控制和保护装置图形符号包括触点开关、开关装置和起动器、有或无继电器、测量继电器、熔断器、间隙避雷器等。

(6) 电信图形符号包括交换设备、电话机、传输信号发生器、变换器、光纤、光缆等。

(7) 二进制逻辑单元图形符号包括与输入输出和其他连接有关的限定符号、

内部连接组合单元和时序单元等。

（8）模拟单元图的符号包括模拟和数字信号识别用的限定符号、放大器、函数器、信号转换器、电子开关等。

3. 电子电气常用图形符号（见表3-4～表3-6）

表3-4　电压、电流、电池的图形符号

图形符号	名称与说明
− − −	直流供电，电压可标在右边，系统类型可标在左边，例如，2/M 220/110 V，表示三线制、带中间线的直流220 V，两根线与中间线的电压为110 V，M表示中间线
∼	交流供电，频率及电压值标在符号的右边，系统类型标在左边，例如，3/N ∼ 50 Hz 380/220 V，表示三相四线制、带中性线N、380 V、50 Hz、相线与中性线间的电压为220 V
≈	中频（音频）
≋	相对高频（超音频、载频或射频）
⩬	交直流
⩬	具有交流分量的整流电流，需要与稳定直流相区别时使用
N	中性（中性线）
M	中间线
+	正极性
−	负极性
⊣⊢	蓄电池，允许在上面标出电压值
⊣⊢-⊣⊢	蓄电池组

表3-5　信号灯、信号器件图形符号

图形符号	名称	图形符号	名称
⊗	信号灯	⊗	闪光型信号灯
⏏	蜂鸣器	⍂ 或 ⍜	电铃

续表

图形符号	名称	图形符号	名称
	电喇叭		报警器

表 3-6　按钮、旋钮开关以及测量仪表

图形符号	名称与说明	图形符号	名称与说明
	手动开关的一般符号		按钮（不闭锁），常开
	按钮（不闭锁），常闭		按钮（不闭锁），一常开一常闭
	拉拔开关（不闭锁）		旋钮开关和旋转开关（闭锁）
V	电压表	A	电流表
Isinφ	无功电流表	var	无功功率表
cosφ	功率因数表	Hz	频率表
W	记录式功率表	W|var	组合式记录有功功率和无功功率表
Wh	电度表	↑	检流计
N	示波器	n	转速表

二、标准电子电气性能参数

计算机相关的标准电子电气性能参数是评估设备性能、兼容性、安全性和可靠性的关键指标。

要查看计算机设备或组件的电气性能参数，通常需要参考多种资料和工具。可以通过操作系统自带的系统信息工具来获取一些基本信息，如 CPU 的品牌、型号、频率、核心数（见图 3-140），内存的容量、类型和速度，显卡的基本信息以及显示器的分辨率、刷新率和接口类型等。

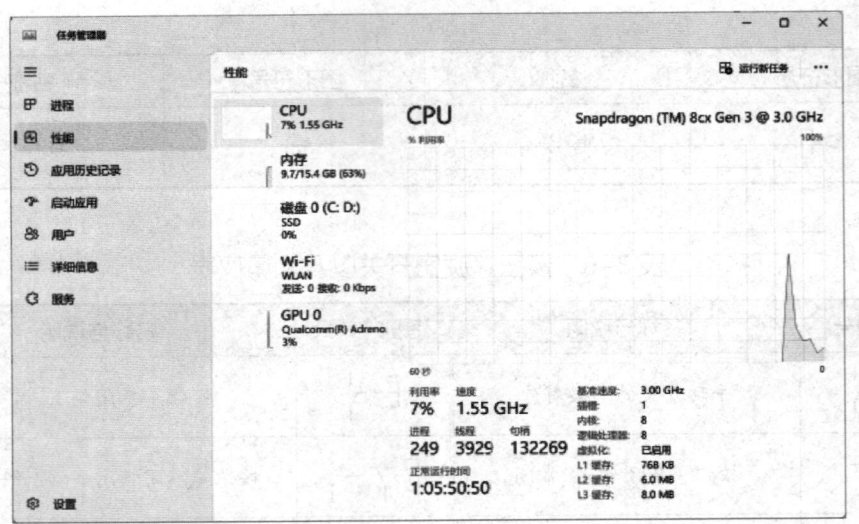

图 3-140　任务管理器"性能"界面

详细的电气性能参数，如工作电压、功耗、电流等，则需要查阅厂商的数据表或产品手册，图 3-141 所示为电源适配器 65 W 快充 Type-c 充电器，该设备在表面标注了相关的电气性能参数，供用户参考。

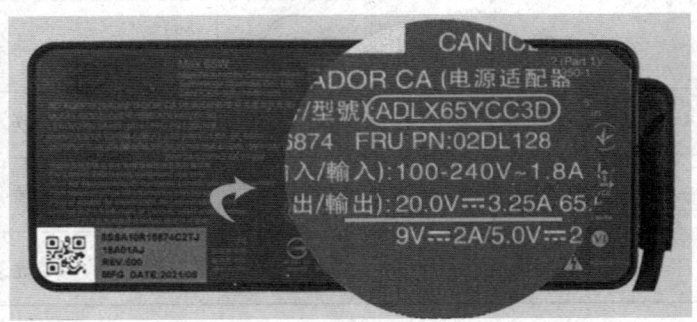

图 3-141　电源适配器表面标注

某些实时的电流、电压等信息可能需要借助专用的电源监控工具或仪表进行测量。

学习单元 2 计算机产品的标识

一、产品结构件标识

1. 唯一标识

产品结构件的唯一标识通常采用序列号、二维码或其他专有标识符,是必要且关键的。这个标识符不仅使得产品在生命周期内具备可追溯性,同时也提供了验证产品真伪和查看维护历史的途径。唯一标识如图 3-142 所示。

图 3-142 唯一标识

2. 性能标识

产品结构件的性能等级反映了其在各种使用条件下的强度和稳定性。这一等级的确立涉及产品设计和生产过程,其高低直接关系到产品在实际使用中的可靠性和耐久性。性能标识如图 3-143 所示。

3. 标准符号标识

行业或国际标准符号是为了确保产品质量和互通性而制定的,是一种简洁而规范的表示方式。产品结构件可能会符合特定的标准,这有助于产品在全球范围内的

图 3-143 性能标识

一致性。标准符号标识如图 3-144 所示。

图 3-144　标准符号标识

（1）CE（conformite europeenne）标志。CE 标志是一个欧盟强制性地要求产品必须携带的安全标志，CE 标志是制造商应用于商品的自认证标志。带有 CE 标志的产品表明该商品符合欧洲经济区的健康、安全和环境保护标准。

（2）FCC 认证（federal communications commission）。FCC 是美国认证标志，是对无线电频率设备的规范，认证范围包括计算机、传真机、电话以及其他可能伤害人身安全的产品。通信产品和数字产品要进入美国市场必须通过 FCC 认证。

（3）RoHS 指令。它是由欧盟立法制定的一项强制性标准，主要用于规范电子电气产品的材料及工艺标准，使之更加有利于人体健康及环境保护。

4. 性能数据标识

产品结构件在各类环境和条件下的性能数据是用户了解产品工作性能的重要参考。

如图 3-145 所示，电路板上的一串字母是"RU94V-0 HF PbF"，表示 RU/UL 认证中的一种阻燃等级，阻燃等级由 HB、V-2、V-1 向 V-0 逐级递增。

图 3-145　性能数据标识

（1）HB：最低的阻燃等级。

（2）V-2：对样品进行两次 10 秒的燃烧测试后，火焰在 30 秒内熄灭。可以引燃 30 cm 下方的药棉。

（3）V-1：对样品进行两次 10 秒的燃烧测试后，火焰在 30 秒内熄灭。不能引燃 30 cm 下方的药棉。

（4）V-0：对样品进行两次 10 秒的燃烧测试后，火焰在 10 秒内熄灭。不能有燃烧物掉下。

5. 拆卸标识和维护建议标识

（1）拆卸标识。在产品结构件上明确拆卸标识是为了引导用户在必要时对产品进行维护或更换零部件。这一标识应包括螺钉位置、连接方式等明确的信息。

（2）维护建议。维护建议提供了用户正确保养产品结构件的指导，包括定期的清理、润滑、零部件更换等，以确保产品的长寿命和可靠性。维护建议标识如图 3-146 所示。

图 3-146　维护建议标识

6. 环保认证标识

环保认证标识是产品结构件符合环保标准或法规的明证。这可能包括符合废气排放标准或使用环保材料的认证，如图 3-147 所示。

图 3-147　环保认证标识

（1）WEEE。WEEE 标志为垃圾桶符号。在欧盟，这个符号表示当最终用户打算丢弃此产品时必须将该产品送到适当的设施，以进行回收和循环再利用。

（2）电子信息产品污染控制标志。该标志代表该电子产品含有毒、有害物质；圆内的阿拉伯数字代表该产品的环保使用期限。

二、包装材料件标识

包装材料件标识是指在产品包装中使用的标志和标签，用于指示产品的材质、摆放要求、运输要求、存储要求、拆装要求和环保要求等。

1. 材质标识

（1）塑料材质标识。塑料材质标识指将塑料材质辨识码打在容器或包装上，1号到7号对应各类塑料材质。

1）PET或PETE（聚对苯二甲酸乙二醇酯），常见饮品的透明塑料瓶都是用的这种材料。PET标识如图3-148所示。

2）HDPE（高密度聚乙烯），清洁剂、洗发水等不透明容器多使用HDPE材料，不可与食品接触。HDPE标识如图3-149所示。

图3-148　聚对苯二甲酸乙二醇酯　　图3-149　高密度聚乙烯

3）PVC（聚氯乙烯），通常用来制造水管、雨衣、书包、建材、塑料膜、塑料盒等，可塑性优良。PVC标识如图3-150所示。

4）LDPE（低密度聚乙烯），常用的塑料袋、保鲜膜多以LDPE制造，在高温环境中易损坏，可能产生一氧化碳。LDPE标识如图3-151所示。

图3-150　聚氯乙烯　　图3-151　低密度聚乙烯

5）PP（聚丙烯），常用来制造食物容器，可以耐受高达130℃的高温，是唯一可以放进微波炉中加热的塑料材质，可在小心清洁后重复使用。PP标识如图3-152所示。

6）PS（聚苯乙烯），由于吸水性低，多用以制造建材、玩具、文具、滚轮、一次性杯盒及餐具等。PS标识如图3-153所示。

7）OTHER，如PC类（聚碳酸酯，见图3-154），可用作水壶、奶瓶；PA类，即尼龙，多用于纤维纺织和一些家电等产品内部的制件等。

图 3-152　聚丙烯

图 3-153　聚苯乙烯

图 3-154　聚碳酸酯

（2）锂电池标识。

1）UN3090，锂金属电池标识如图 3-155 所示。

2）UN3480，锂离子电池标识如图 3-156 所示。

3）UN3091，锂金属电池安装在设备中标识如图 3-157 所示。

图 3-155　锂金属电池标识

图 3-156　锂离子电池标识

图 3-157　锂金属电池安装在设备中标识

2. 摆放标识

（1）堆码质量极限。堆码质量极限标识表明该运输包装件所能承受的最大质量极限，如图 3-158 所示。

（2）堆码层数极限。堆码层数极限标识表明可堆码相同运输包装件的最大层数（包含该包装件，n 表示从底层到顶层的总层数），如图 3-159 所示。

（3）禁止堆码。禁止堆码标识表明该包装件只能单层放置，如图 3-160 所示。

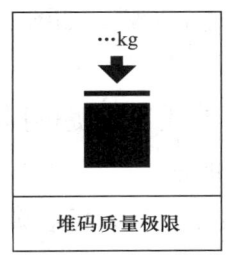

图 3-158　堆码质量极限标识

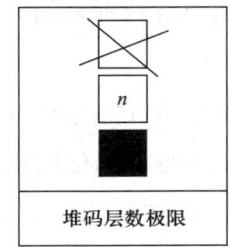

图 3-159　堆码层数极限标识

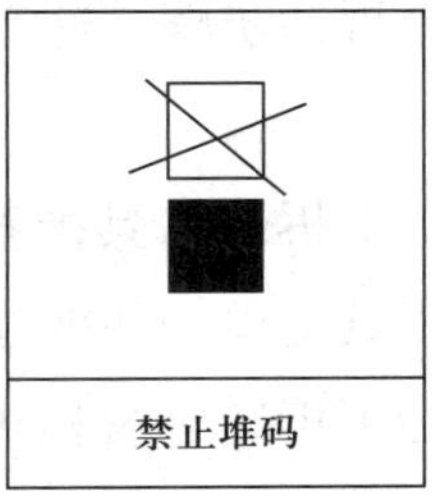

图 3-160　禁止堆码标识

3. 运输标识

（1）向上。向上标识表明该运输包装件在运输时应竖直向上，如图3-161所示。

（2）怕雨。怕雨标识表明该运输包装件怕雨淋，如图3-162所示。

（3）禁止翻滚。禁止翻滚标识表明搬运时不能翻滚该运输包装件，如图3-163所示。

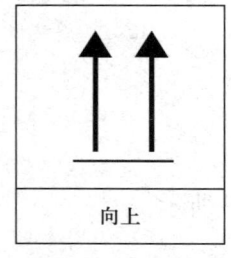　　　　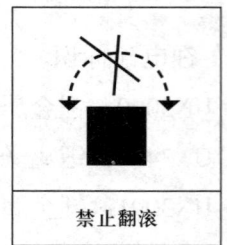

图3-161　向上标识　　图3-162　怕雨标识　　图3-163　禁止翻滚标识

4. 存储标识

（1）温度极限。温度极限标识表明该运输包装件应该保持的温度范围，如图3-164所示。

（2）怕晒。怕晒标识表明该运输包装件不能直接照晒，如图3-165所示。

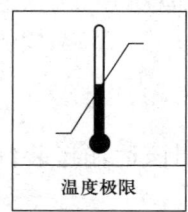　　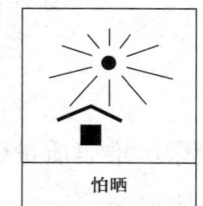

图3-164　温度极限标识　　图3-165　怕晒标识

5. 拆装标识

（1）详细步骤图示。拆装要求标识上将呈现详细的步骤图示，以图形方式展示每个拆卸步骤。这有助于用户更直观地理解如何正确执行每个步骤，如图3-166所示。

（2）拆装工具推荐。针对可能需要特定的工具，拆装标识上可以提供拆装所需的工具清单，并推荐相应的工具类型，确保用户能够事先准备。

（3）拆装警告标识。为保证产品完整性以及保护用户安全，会有拆装警告标识警示拆装注意事项，如图3-167所示。

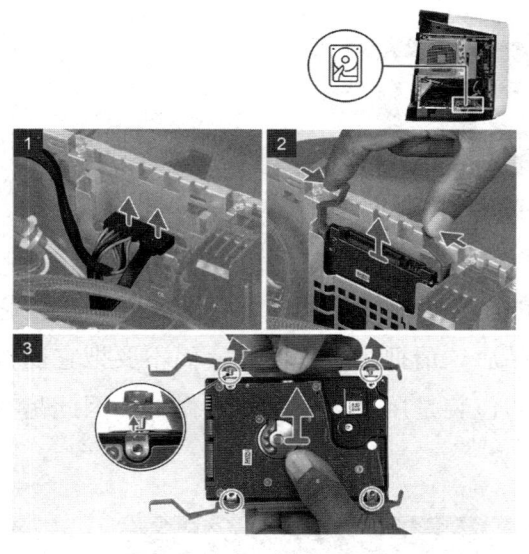

图 3-166　拆装步骤图示

图 3-167　拆装警告标识

6. 环保标识

（1）中国环境标志（俗称十环）。该标志由中心的青山、绿水、太阳及周围的十个环组成。图形的中心结构表示人类赖以生存的环境，外围的十个环紧密结合，环环紧扣，表示公众参与，共同保护环境；十个环的"环"字与环境的"环"同字，其寓意为全民联系起来，共同保护人类赖以生存的环境。中国环境标志如图 3-168 所示。

图 3-168　中国环境标志

（2）中国环境保护产品认证。标识主体图案由两部分组成。第一部分是主标识，由英文部分和中文部分组成，英文部分为半开口椭圆形图案，由 CCEP 四个英文字母组成；中文部分在英文部分的正上方，由"中国环境保护产品认证"十个汉字组成。第二部分为标识辅助说明部分，内容为证书编号，在英文标志的正下方，由英文字母和数字以及短横线组成。标识图案整体风格和谐、简洁、庄重、醒目，如图 3-169 所示。

图 3-169 中国环境保护产品认证标识

（3）循环再生标识。这个特殊的三角形标识有两方面的含义。第一，它提醒人们，在使用完印有这种标识的商品后，请把它送去回收，而不要把它当作垃圾扔掉；第二，它标志着商品或商品的包装是用可再生的材料做的，因此是有益于环境和保护地球的，如图 3-170 所示。

图 3-170 循环再生标识

学习单元 3　计算机产品性能的识别

一、计算机机身铭牌及产品包装标签识别

1. 计算机机身铭牌

计算机机身铭牌是指附在计算机机身上的标识信息。通常通过计算机机身铭牌可以对计算机产品性能进行识别。图 3-171 所示为联想计算机机身铭牌。

图 3-171　联想计算机机身铭牌

（1）品牌和型号。标明计算机的制造商和型号，用户便可以准确地识别计算机的身份。图中的"Lenovo"标识表明这款计算机是联想品牌的产品，型号表明这款计算机的型号是扬天 T4900k-00 商用机。

（2）SO 号。SO 号是计算机生产厂商对该台主机的编号，以便确认主机生产的时间、批次等信息，这里的"0161034515"就是这款计算机的 SO 号。

（3）电源信息指明计算机的电源要求，如输入电压、频率和电流，通常体积小的计算机，电压要求也小，如扬天 T4900k-00 计算机的额定电压为 220 V 的交流电，频率 50 Hz 且最大电流为 3 A，如图 3-172 所示。

（4）安全认证标志。有些计算机机身铭牌还会包含通过安全认证的标志，如 3C（中国强制性产品认证）等，如图 3-172 所示。

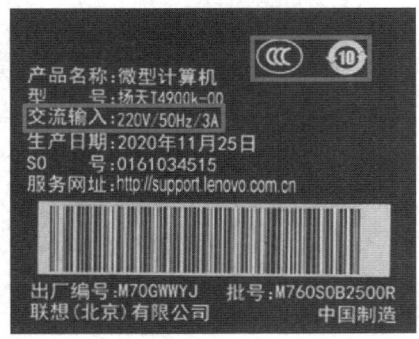

图 3-172　电源信息安全认证标志

（5）生产日期、出厂编号以及批号。标识计算机产品的生产日期、出厂编号以及批号，有助于追溯产品的生产过程和质量，以便追溯和提供售后服务，如图 3-173 所示。

图 3-173　生产日期、出厂编号以及批号标识

2. 计算机产品包装标签

计算机产品包装标签是指计算机产品包装上的标签、图案、文字等信息，用于标识和说明产品的信息，如图 3-174 所示。

图 3-174　计算机产品包装标签

（1）产品型号：标识该计算机的产品型号，以便用户和销售人员识别和区分不同型号的产品。该笔记本电脑是联想（Lenovo）的 S40-70 型号，如图 3-175 所示。

（2）品牌标识：标识该计算机产品的品牌，以便用户和销售人员识别和区分不同品牌的产品。该产品是联想（Lenovo）的产品，如图 3-176 所示。

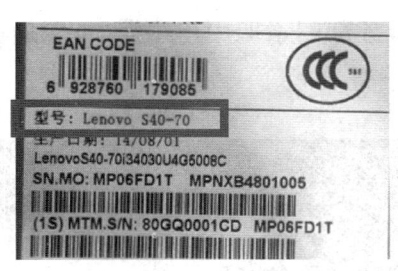
图3-175 产品型号

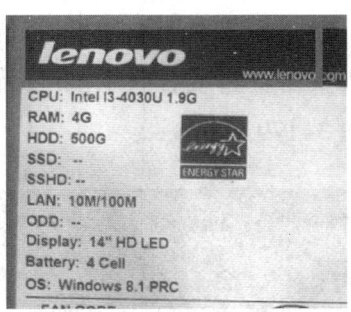
图3-176 品牌标识

（3）规格参数：列出该计算机产品的主要规格参数，如处理器型号、内存容量、硬盘容量等。该笔记本电脑配备了 Intel 的 i3-4030U 1.9G 处理器，内置了 4 GB 的 RAM 和 500 GB 的机械硬盘，支持 Windows 8.1 操作系统，并且通过 Wi-Fi，可以连接到互联网，如图 3-177 所示。

（4）条形码：用于商品售卖和物流管理，提供商品信息和追踪。这些条形码可能包含了产品的型号、生产日期、序列号等信息，以便在生产和销售过程中进行管理和追踪。需要注意的是，具体的条形码内容和作用可能因产品型号和生产厂家不同而有所不同，如图 3-178 所示。

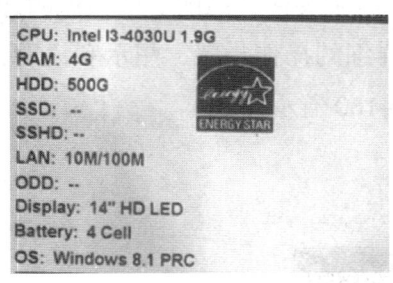
图3-177 规格参数

图3-178 条形码

二、计算机产品查询方法（以联想为例）

1. 使用用户手册进行查询

用户手册是一本旨在帮助用户理解和使用计算机系统的指南。它提供了关于计算机硬件和软件的基本信息，教导用户如何安装和设置计算机系统，还提供了操作指南、故障排除方法和维护建议。

要查询计算机产品的操作方法和性能参数，可以按照以下步骤进行。

（1）获取用户手册。用户手册通常会附带在产品的包装盒内或者从产品官方网站上下载。如果手册不在手边或无法找到，可以尝试在产品官方网站上搜索相关的技术支持资料或者联系该产品的售后服务部门索取用户手册。产品官方网站页面如图 3-179 所示。

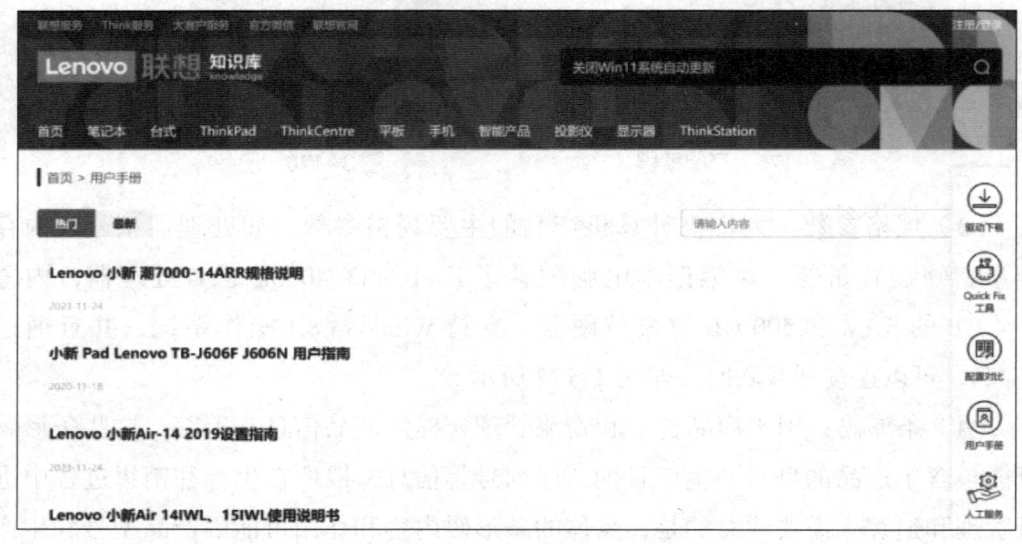

图 3-179　产品官方网站页面

（2）阅读用户手册。仔细阅读用户手册，特别关注产品的"认识您的计算机"和"开始使用"部分。用户手册通常会提供详细的操作步骤、图示和说明，帮助用户正确地使用和操作产品。用户手册如图 3-180 所示。

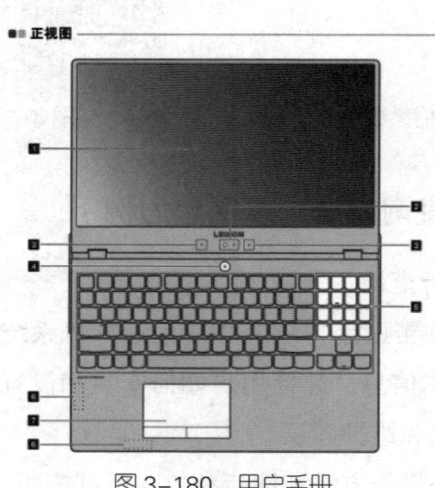

图 3-180　用户手册

（3）查询技术资料。技术资料通常包括产品的性能参数、规格、特性和功能等详细信息，可以在产品官方网站上的支持页面或者相关论坛和社区搜索该产品的技术资料，如图3-181所示。

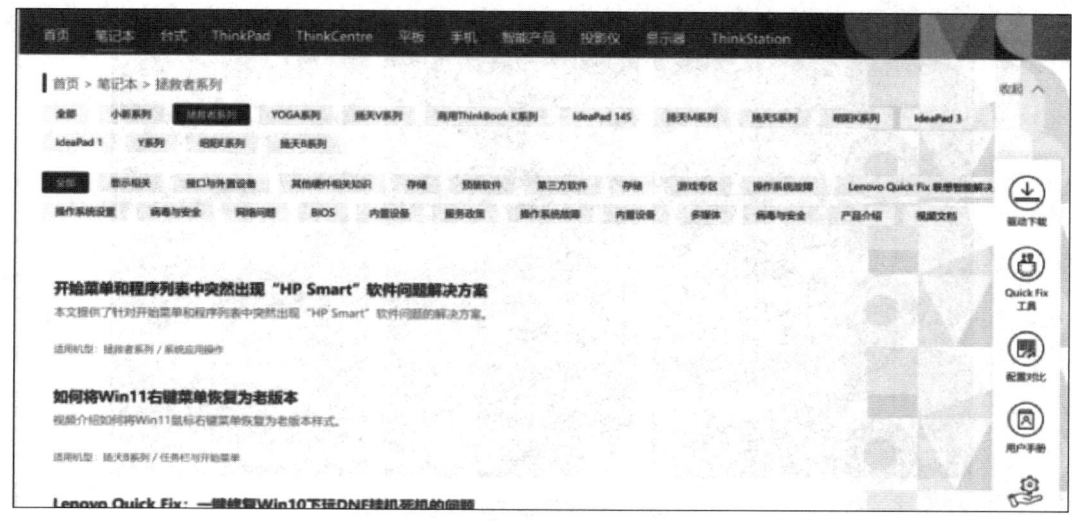

图3-181 官方网站支持页面

（4）联系客服或售后服务。如果在查询用户手册和技术资料后仍然无法找到所需信息，可以联系计算机产品的客服或售后服务部门，他们可以提供更详细的操作方法和性能参数等信息。联想官方公众号如图3-182所示。

图3-182 联想官方公众号

2. 在计算机本机上进行查询

可以在Windows10系统上查看计算机上的电子版用户手册和使用说明，下面以配备Windows10操作系统的联想计算机为例，来说明如何在计算机本机上查找并打开用户手册。

（1）单击开始菜单，在弹出的界面，拖动右侧的滚动条找到字母 L 开头的应用，如图 3-183 所示，单击"Lenovo"右侧的下拉箭头。

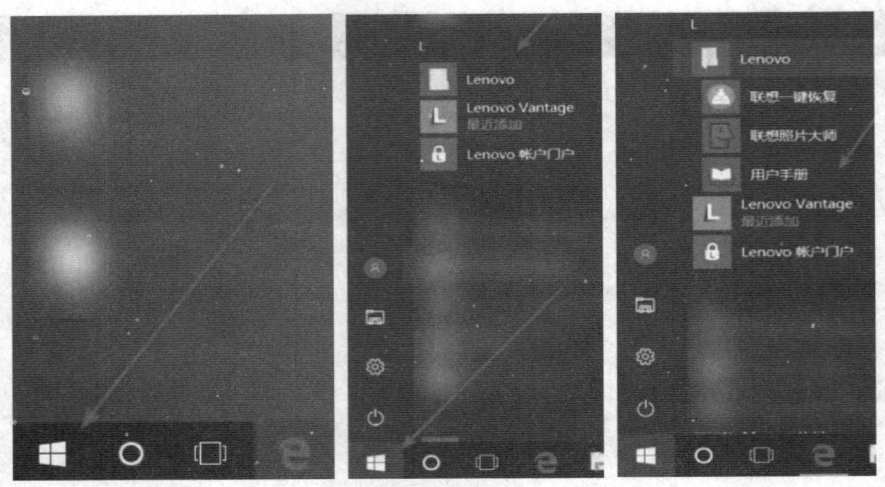

图 3-183　开始菜单中寻找用户手册

（2）在下拉菜单中，选择"用户手册"选项，单击打开。

（3）可以看到"用户手册"界面，单击白色框内的下拉箭头，如图 3-184 所示。

图 3-184　"用户手册"界面

（4）在弹出的下拉菜单内选择"使用说明书"，如图 3-185 所示。

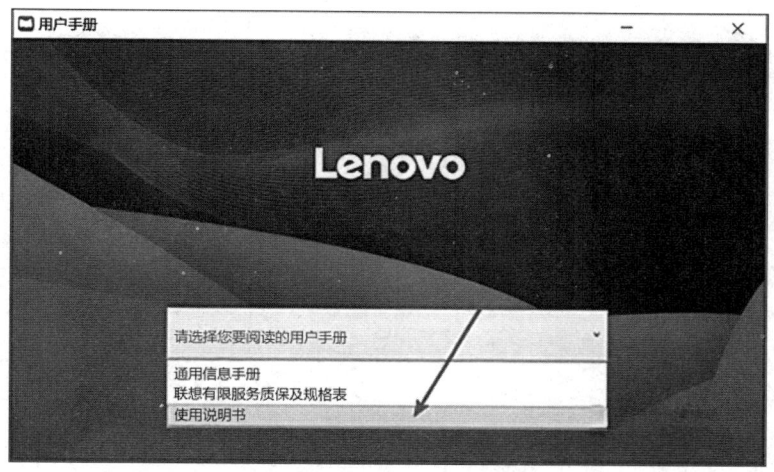

图 3-185 选择"使用说明书"

（5）打开使用说明书，拖动右侧的滚动条，就可以查看更多的使用说明信息，如图 3-186 所示。

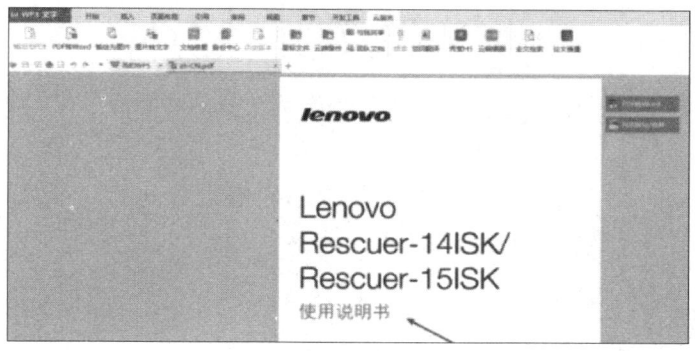

图 3-186 查看电子版使用说明书

职业模块 ④
工具、仪表基础知识

培训课程 1 计算机维修工具与电路检测设备

学习单元 1　常用计算机维修工具的分类及使用方法

一、手动旋具使用方法

1. 手动旋具的种类

手动旋具的样式有很多，按头部形状不同，手动旋具可分为一字形和十字形两种，常见的还有六角形、方形、米字形、五角形（星形）、三角形、U 形、三叉形等，如图 4-1 所示。

图 4-1　手动旋具样式

此外，内六角套筒、内六角扳手、棘轮扳手等都属于手动旋具，如图 4-2 所示。

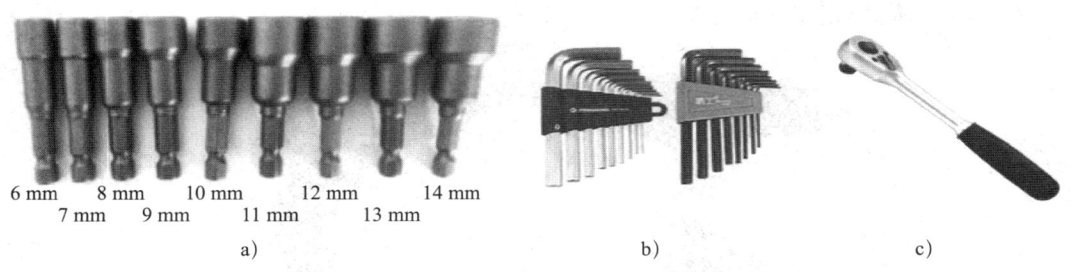

图 4-2　内六角套筒、内六角扳手、棘轮扳手
a）内六角套筒　b）内六角扳手　c）棘轮扳手

2. 手动旋具的使用方法与注意事项

（1）使用手动旋具时，不可将手动旋具金属端头对向他人或自己。

（2）在使用手动旋具时，尽量佩戴防刺穿手套和护目镜。

（3）使用手动旋具前应先擦净旋具柄和端口的油污，以免工作时滑脱而发生意外。

（4）使用手动旋具时，不可用旋具当撬棒或錾子使用。

（5）带电作业时，应该在金属杆上穿套绝缘管。

（6）手动旋具的端口应与螺钉的槽口相吻合，如图4-3所示。端口太薄易折断，太厚不能完全嵌入槽口内，易使旋具的端口和螺钉的槽口损坏。

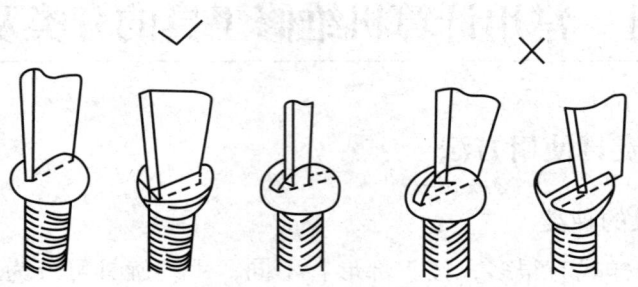

图4-3　手动旋具的端口和螺钉的槽口相吻合

二、电动旋具使用方法

电动旋具是一种使用电力驱动的工具，通常用于拧紧或拧松螺钉或其他紧固件。与传统的手动旋具相比，电动旋具可以更快地完成工作，提高工作效率，同时也可以减轻劳动强度。

电动旋具通常由电动机、减速器、旋具头和电源开关等部分组成。电动机通过减速器将动力传递到旋具头上，从而驱动旋具头旋转，实现拧紧或拧松螺钉的目的。电动旋具如图4-4所示。

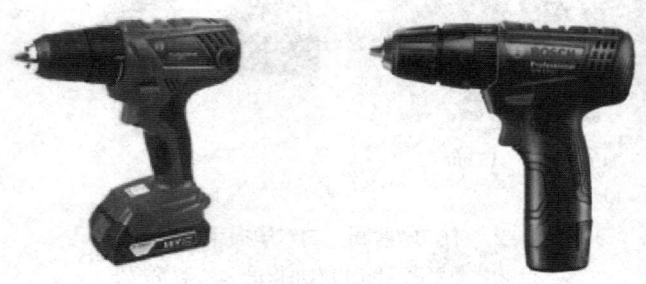

图4-4　电动旋具

1. 电动旋具的种类

（1）手按式电动旋具。启动时需用手指按住启动杠杆，或压住压板按钮。

（2）下压式电动旋具。启动时无需用手指按住启动杠杆，直接对准工件下压即可启动。

（3）半自动电动旋具。本旋具利用电动机驱动旋具进行旋转，当达到设定的扭矩或角度时，旋具会自动停止旋转。这种旋具一般具有调节扭矩和角度的功能，可以根据实际需求进行调整。

（4）全自动电动旋具。在达到设定扭力后，全自动电动旋具能够完全自动刹车并停止运转。

2. 电动旋具使用前准备工作

（1）佩戴好防刺穿手套和护目镜。

（2）检查电池是否正常。

（3）根据螺钉的形状，配备合适的电动旋具和螺钉批头。

（4）进行预调整，使旋具输出适当的扭力。

3. 电动旋具的使用方法

（1）安装螺钉批头。在安装螺钉批头时，先用指尖把电动旋具头部的固定帽向上推，再将选好的螺钉批头插进旋具内，检查螺钉批头是否安装牢固。

（2）调整好锁紧螺钉所需的扭力和电动旋具旋转的方向，即可缓慢地启动电动旋具。

（3）如要松开螺钉时，电动旋具旋转方向应与锁紧方向相反。重复上述步骤直至螺钉完全松开，即可完成作业。

三、其他拆装工具及工作台

1. 其他拆装工具的种类和作用（见表 4-1）

表 4-1 其他拆装工具的种类和作用

名称		实物图	作用
手钳类	老虎钳		老虎钳也叫钢丝钳，是一种夹持和剪切工具，多用来起钉子或夹断钉子和铁丝。在计算机维修中，可以用于夹持各种部件以及割断不需要的电线

续表

名称		实物图	作用
手钳类	尖嘴钳	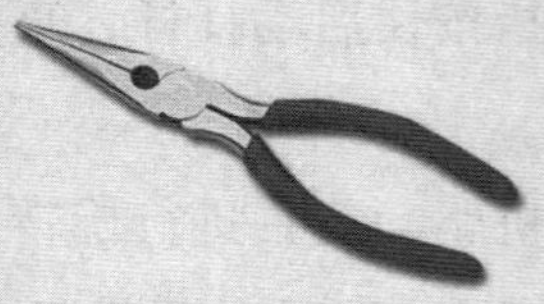	尖嘴钳因其头部细长,所以能在较小的空间工作,带刃口的能剪切细小零件,使用时不能用力太大,否则钳口头部会变形或断裂。在计算机维修中,可以用于拔插细小的跳线,弯曲电子元器件的引脚,或者剥离、整理电线
	鲤鱼钳		鲤鱼钳因外形酷似鲤鱼而得名,其特点是钳口的开口宽度有两挡调节位置,可放大或缩小使用,主要用于夹持圆形零件,也可代替扳手旋拧小螺母和小螺栓,钳口后部刃口可用于切断金属丝。在计算机维修中,可用于夹持较大的管状物件,如散热器水管接口,要避免损坏表面的部件等
剥线类	多功能剥线钳		多功能剥线钳是用于切线和剥线的专业工具,具备多规格切口,既能剥多股线,又能剪网线和电缆线,其实用性强、安全方便
	便捷式剥线钳		便捷式剥线钳也被称为剥线刀,是一种在安装插头或梯形插座时,拆除线缆四周保护外套的工具,可用来剥电话线、网线等
其他	镊子		在维修或组装计算机时,镊子可用于处理小尺寸的零部件,如芯片、电路板上的零部件等
	撬棒	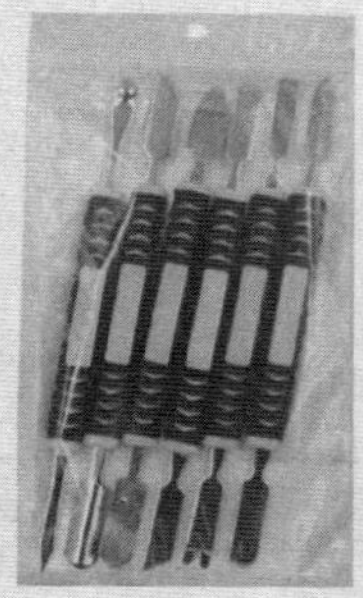	撬棒是一种用于拆卸和组装计算机或电子设备的专用工具。它通常由金属制成,一端是扁平的,另一端是尖的,可以插入各种插槽或连接器中,将零部件从设备上安全地撬开

2. 计算机拆装工作台

计算机拆装工作台是一个用于拆卸和组装计算机硬件的工作台,如图4-5所示。

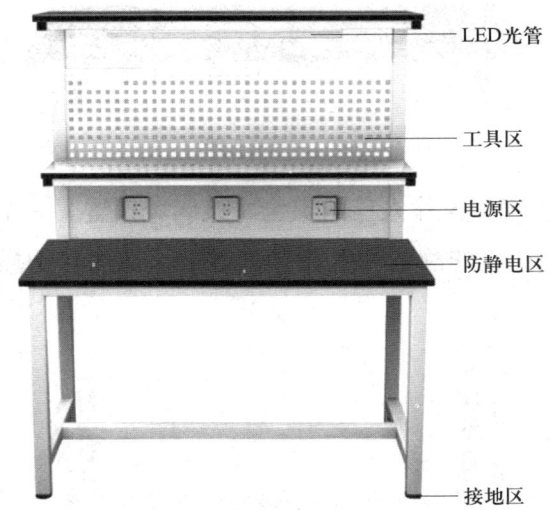

图 4-5 计算机拆装工作台

计算机拆装工作台通常包含以下功能区和设备。

（1）功能区。

1）电源区。该区域配备了多个电源插座，可以满足多种设备的用电需求。同时，该区域的上方还设置了一个电源开关，方便操作人员控制整个操作台的电源。电源区如图 4-6 所示。

图 4-6 电源区

2）工具区。该区域可悬挂放置一些常用的拆卸和组装工具，如旋具、镊子、钳子等。工具区的设置方便操作人员在进行计算机硬件拆卸和组装时使用工具。工具区如图 4-7 所示。

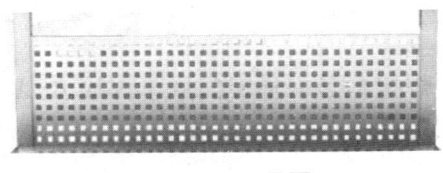

图 4-7 工具区

3）防静电区。该区域设置了一个绿色的防静电台垫（胶皮），操作人员在进行拆卸和组装时，可以将计算机硬件放在这个台面上，以防静电对硬件造成损害。防静电区如图 4-8 所示。

图4-8 防静电区

4)接地区。为了确保操作人员的安全,该区域设置了一个接地装置。这个装置可以将操作过程中产生的静电和电流导入地下,从而保护操作人员的安全。接地区如图4-9所示。

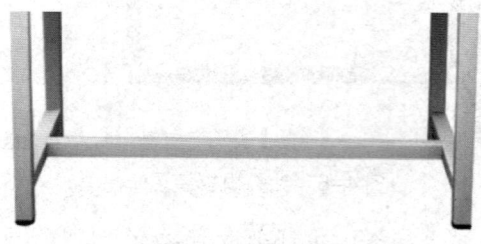

图4-9 接地区

(2)设备。

1)LED光管。LED光管可以提供照明,使得在较暗的环境中也能看清工作台上的情况。

2)多功能挂板。多功能挂板可以用来悬挂各种工具和小部件,使它们更易于被取用。

3)多功能优质插座。多功能优质插座提供电力供应,可以连接各种电子设备,确保它们的正常运行。

4)防静电桌面。防静电桌面是一个绿色的桌面,能够有效防止静电产生,保护在工作台上进行操作的精密部件。

5)调节脚。调节脚可以调整工作台的高度和倾斜度,使得操作人员能够以一个更舒适和方便的位置进行操作。

3. BGA焊接台

BGA(球阵列封装)焊接台是一种专门用于焊接BGA芯片的设备,如图4-10所示。BGA是一种封装技术,用于容纳集成电路芯片。BGA焊接台的主要功能是将BGA芯片牢固地焊接在电路板上,以确保电子产品的稳定性和性能。由于BGA芯片的焊接和拆卸过程较为复杂,需要精确的温度控制,因此BGA焊接台成为计算机维修的重要工具。

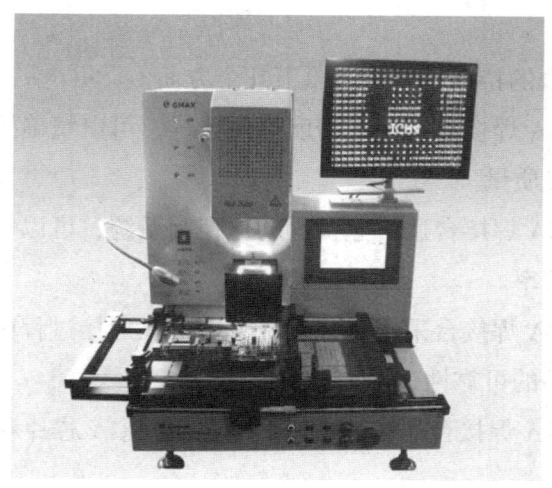

图 4-10 BGA 焊接台

（1）BGA 焊接台的操作主要包含以下步骤。

1）预热环节。在启动后，BGA 焊接台的上部加热器随即开始工作，温度以每秒 3 ℃的速度平稳上升至预设的 160 ℃。这一环节的目的是确保 PCB（印制电路板）和 BGA 芯片得到充分的预热，为后续的焊接过程做好充分的准备。

2）焊接阶段。在预热环节完成后，温度进一步调节至 280~320 ℃。在此温度范围内，BGA 芯片的焊锡材料将熔化，与 PCB 焊盘形成稳固的连接。具体的焊接时间根据 BGA 芯片的大小、焊锡种类以及所需的焊接质量进行确定。

3）冷却阶段。在完成焊接后，BGA 焊接台将启动降温程序，使焊锡结晶并稳定连接状态。适合的冷却时间对于确保焊接质量是至关重要的，因为过快的冷却速度可能导致焊锡结晶不完整，进而影响焊接的强度和稳定性。

4）循环风冷却程序。在冷却阶段结束后，BGA 焊接台利用特殊的循环风系统将冷却空气定向吹向焊接区域，进一步加速焊锡结晶和元件冷却。这一程序有助于确保焊接质量，避免因快速冷却而引发潜在问题。

5）结束与取出。在完成所有相关步骤后，BGA 焊接台会自动关闭加热器并发出结束提示。此时，计算机维修工可以安全地取出已完成焊接的 PCB，进行后续的质量检测和组装工作。

通过以上步骤，BGA 焊接台实现了对 BGA 芯片与 PCB 之间的高质量、高效率的可靠连接。凭借其精确的温度控制和时间管理功能，BGA 焊接台显著提高了焊接的质量和效率，有效降低了次品率。同时，随着科技的不断发展进步，BGA 焊接台的性能和功能也将得到进一步的提升和完善，为计算机维修工作提供更加有力的技术支持。

(2) BGA 焊接台的特点主要包含以下几个方面。

1) 高精度。BGA 焊接台采用高精度加热系统，可以精确控制焊接过程中的温度和时间，确保焊接质量。

2) 自动化。BGA 焊接台通常配备自动化控制系统，可以实现焊接过程的自动化操作，提高生产效率。

3) 安全性。BGA 焊接台采用特殊设计，确保在焊接过程中不会对芯片和 PCB 造成损坏，提高产品的可靠性。

4) 多功能。BGA 焊接台可以适应不同类型的 BGA 芯片和 PCB，具有较高的通用性。

5) 易于操作。BGA 焊接台操作简便，便于计算机维修工快速掌握焊接技巧。

(3) 操作 BGA 焊接台时需要注意以下关键点。

1) 确保设备调至最佳状态。在开始操作前，对 BGA 焊接台进行细致的检查与调整，确保各项参数处于合适的范围。

2) 严格控制焊接参数。焊接温度、时间、压力等参数对焊接质量具有决定性影响。务必按照工艺要求严谨设置和执行，避免因参数不当导致焊接缺陷。

3) 维护焊接环境。保持操作区域的整洁与无尘，防止杂质对焊接过程造成干扰。同时，确保工作环境的稳定，避免外界因素对设备造成不必要的干扰。

4) 监控设备运行状态。在焊接过程中，密切关注 BGA 焊接台的各项运行指标。若发现异常，应迅速采取相应措施，确保设备稳定运行。

5) 重视操作人员安全。确保操作人员佩戴必要的防护装备，如防护眼镜、手套等。同时，加强安全培训，提高计算机维修工对安全风险的认知与防范意识。

6) 定期维护与检查。制订并执行 BGA 焊接台的定期维护计划。通过检查、清洁、润滑等措施，确保设备处于良好的工作状态，延长其使用寿命。

7) 合理选用焊接材料。根据焊接对象的具体需求，选择合适的焊料、助焊剂，确保焊接材料的质量与兼容性，以满足工艺要求并提升焊接效果。

8) 焊接后处理。焊接完成后，应按照规定的冷却方法进行后处理，以提高焊点的力学性能。同时，进行焊点质量检查，确保焊接满足预期要求。

为了确保 BGA 焊接台的稳定运行和焊接质量的可靠性，务必重视上述各项注意事项。严格遵守操作规程并关注细节，有助于提高生产率并降低潜在风险。

BGA 焊接台作为计算机维修行业的得力助手，为计算机维修工提供了强大的技术支持。通过深入了解其技术原理、功能特点和使用注意事项，计算机维修工可以更好地利用其优势，提高维修工作的效率和准确性。

4. 液晶屏换屏设备

液晶屏换屏设备在现今科技飞速发展的时代，已经成为计算机维修行业不可或缺的利器，如图 4-11 所示。

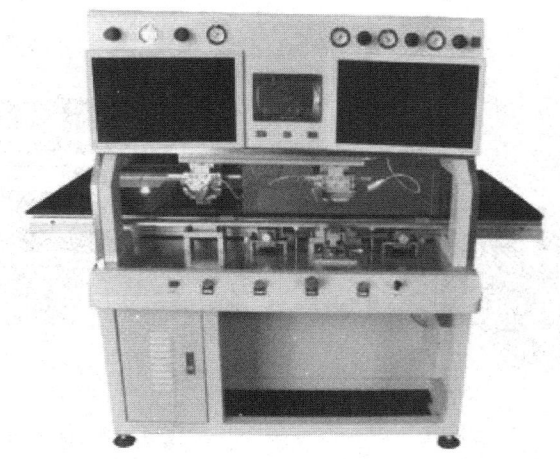

图 4-11　液晶屏换屏设备

（1）液晶屏换屏设备的工作原理。液晶屏换屏设备主要利用热胀冷缩的原理，将破损的液晶屏从设备中取出，再将新的液晶屏放入设备中进行压痕、黏合等工艺处理。在整个过程中，设备会根据液晶屏的材质、厚度等因素自动调整温度和压力，确保液晶屏的黏合效果达到最佳。

（2）液晶屏换屏设备的种类。

1）全自动液晶屏换屏设备。此类设备自动化程度较高，可以实现从拆卸、清洗、换屏、压痕、黏合、检测到包装的全流程自动化操作，大大提高了换屏效率。

2）半自动液晶屏换屏设备。相较于全自动液晶屏换屏设备，半自动液晶屏换屏设备在操作过程中需要人工参与，但其操作简便、价格较低，适合小型维修企业和个体户使用。

3）手动液晶屏换屏设备。手动液晶屏换屏设备操作简单，价格低廉，但工作效率较低，适用于家庭和个人用户。

（3）常见的换屏辅助设备。

1）液晶屏分离机。液晶屏分离机主要用于在不损坏屏幕的情况下将破碎的液晶屏与触摸屏（如电容式触摸屏）以及中间组件分离，是一种专门用于修复损坏的液晶屏的设备。它通过一系列的工作步骤将液晶屏的各个层次分离开，然后进行维修或更换损坏的部分。液晶屏分离机的工作原理主要涉及液晶分离技术和加热脱胶技术。液晶屏分离机如图4-12所示。

2）偏光片更换设备。如果偏光片损坏，则需要安全地移除旧的偏光片，并安装新的偏光片。偏光片更换设备如图4-13所示。

图4-12 液晶屏分离机

图4-13 偏光片更换设备

3）黏合机。黏合机用于将分离后的液晶面板和新的盖板进行对位黏合，确保二者精确、无气泡黏合在一起，常见有直面黏合机和曲面黏合机，以适应不同形态的屏幕需求。黏合机如图4-14所示。

图4-14 黏合机

学习单元 2　主要电子线路测试设备及使用方法

一、万用表的基本工作原理和使用方法

1. 万用表的基本工作原理

万用表是万用电表的简称，可以测量电流、电压、电阻，有的还可以测量三极管的放大倍数、频率、电容容量、逻辑电位、分贝值等。万用表有很多种，现在最流行的有机械指针式万用表和数字式万用表。万用表如图 4-15 所示。

图 4-15　万用表
a）机械指针式万用表　b）数字式万用表

2. 万用表的使用方法

万用表通过转换开关的旋钮来改变测量项目和测量量程。机械调零旋钮用来保持指针在静止时处在左零位。"Ω"调零旋钮是用来测量电阻时使指针对准右零位，以保证测量数值准确。

一般万用表的测量范围如下。

（1）直流电压：分 5 挡——0～6 V、0～30 V、0～150 V、0～300 V、0～600 V。

（2）交流电压：分 5 挡——0～6 V、0～30 V、0～150 V、0～300 V、0～600 V。

（3）直流电流：分 3 挡——0～3 mA、0～30 mA、0～300 mA。

（4）电阻：分 5 挡——R×1、R×10、R×100、R×1 K、R×10 K。

测量电阻。先将表笔搭在一起短路，使指针向右偏转，随即调整"Ω"调

零旋钮，使指针恰好指到 0。然后将两根表笔分别接触被测电阻或电路两端，读出指针在欧姆刻度线（第一条线）上的读数，再乘以该挡标的数字，就是所测电阻的阻值。例如，用 R×100 挡测量电阻，指针指在 80，则所测得的电阻值为 $80×100=8$ kΩ。由于"Ω"刻度线左部读数较密，难于看准，所以测量时应选择适当的欧姆挡，使指针在刻度线的中部或右部，这样读数比较清楚、准确。每次换挡，都应重新将两根表笔短接，重新调整指针到零位，才能测量准确。

测量直流电压。首先估计一下被测电压的大小，然后将转换开关拨至适当的量程，将正表笔接被测电压"+"端，负表笔接被测量电压"-"端。根据该挡量程数字与标直流符号"DC"刻度线（第二条线）上的指针所指数字，读出被测电压的大小。如用 300 V 挡测量，可以直接读 0~300 的指示数值。如用 30 V 挡测量，只需将刻度线上 300 这个数字去掉一个"0"，看成 30，再依次把 200、100 等数字看成 20、10，即可直接读出指针指示数值，如指针指在 15，则所测得电压为 1.5 V。

测量直流电流。先估计一下被测电流的大小，然后将转换开关拨至合适的量程，再把万用表串接在电路中。观察标有直流符号"DC"的刻度线，如电流量程选在 3 mA 挡，这时应把表面刻度线上 300 的数字，去掉两个"0"，看成 3，又依次把 200、100 看成 2、1，就可以读出被测电流数值。例如，用直流 3 mA 挡测量直流电流，指针在 100，则电流为 1 mA。

测量交流电压。测交流电压的方法与测量直流电压相似，所不同的是因交流电没有正、负之分，所以测量交流电压时，表笔也就不需分正、负。读数方法与上述测量直流电压的读法一样，只是应看标有交流符号"AC"的刻度线上的指针指示数值。

3. 万用表使用注意事项

万用表是比较精密的仪器，如果使用不当，不仅会造成测量不准确，而且极易损坏万用表。使用万用表时应注意以下事项。

（1）测量电流与电压不能旋错挡位。如果误用电阻挡或电流挡去测电压，就极易烧坏万用表。万用表不用时，最好将挡位旋至交流电压最高挡，避免因使用不当而损坏。

（2）测量直流电压和直流电流时，注意"+""-"极性，不要接错。如发现指针反转，应立即调换表笔，以免损坏指针及表头。

（3）如果不知道被测电压或电流的大小，应先用最高挡，而后再选用合适的挡位来测试，以免表针偏转过度而损坏表头。所选用的挡位越靠近被测值，测量的数值就越准确。

（4）测量电阻时，不要用手触及元件的裸体的两端（或两支表笔的金属部分），以免人体电阻与被测电阻并联，使测量结果不准确。

（5）测量电阻时，如将两支表笔短接，调"Ω"旋钮至最大，指针仍然达不到 0 点，这说明表内电池电压不足，应换上新电池方能准确测量。

（6）万用表不用时，不要旋到电阻挡，因为内有电池，如两根表笔相碰会导致短路，不仅耗费电量，而且严重时甚至会损坏表头。

二、示波器的基本工作原理和操作

1. 示波器的基本工作原理

示波器是一种用途十分广泛的电子测量仪器。它能把电信号变换成看得见的图像，便于人们研究各种电现象的变化过程。示波器利用狭窄的、由高速电子组成的电子束，打在涂有荧光物质的屏面上，产生细小的光点，这是传统的模拟示波器的工作原理。在被测信号的作用下，电子束就好像一支笔的笔尖，可以在屏面上描绘出被测信号的瞬时值的变化曲线。利用示波器能观察各种不同信号随时间变化的波形曲线，还可以利用它测试各种不同的参数，如电压、电流、频率、相位差等。数字示波器如图 4-16 所示。

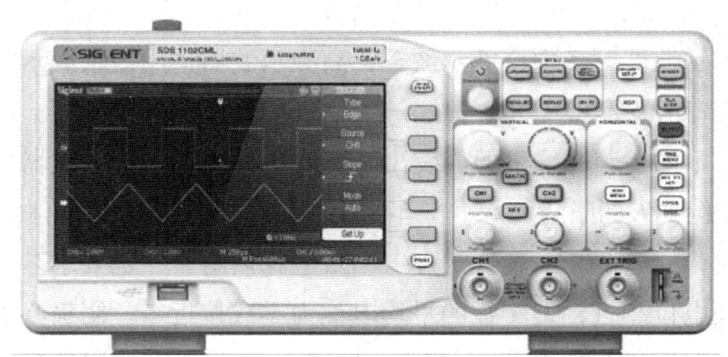

图 4-16 数字示波器

2. 示波器的组成

示波器由示波管、电源系统、同步系统、延迟扫描系统、标准信号源等组成。

阴极射线管（CRT）简称示波管，是示波器的核心。它将电信号转换为光信号。电子枪、偏转系统和荧光屏三部分密封在一个真空玻璃壳内，构成了一个完整的示波管。

（1）电子枪及聚焦。电子枪由灯丝、阴极、栅极、前加速极（第二栅极）、第一阳极和第二阳极组成。它的作用是发射电子并形成很细的高速电子束。灯丝通电加热阴极，阴极受热发射电子。

电子束从阴极奔向荧光屏的过程中，经过两次聚焦。第一次聚焦由阴极、栅极、前加速极完成。第二次聚焦发生在前加速极、第一阳极、第二阳极区域，调节第二阳极的电位，能使电子束正好会聚于荧光屏上的一点，这是第二次聚焦。

（2）偏转系统。偏转系统控制电子射线方向，使荧光屏上的光点随外加信号的变化描绘出被测信号的波形。Y_1、Y_2 和 X_1、X_2 两对互相垂直的偏转板组成偏转系统。Y 轴偏转板在前，X 轴偏转板在后，因此 Y 轴灵敏度高（被测信号经处理后加到 Y 轴）。两对偏转板分别加上电压，使两对偏转板间各自形成电场，分别控制电子束在垂直方向和水平方向偏转。

（3）荧光屏。现在的示波管屏面通常是矩形平面，内表面沉积一层磷光材料构成荧光膜。在荧光膜上常又增加一层铝膜。高速电子穿过铝膜，撞击荧光粉而发光形成亮点。铝膜具有内反射作用，有利于提高亮点辉度，还有散热等其他作用。

当电子停止轰击后，亮点不能立即消失而要保留一段时间。亮点辉度下降到原始值的 10% 所经过的时间叫做余辉时间。余辉时间短于 10 μs 为极短余辉，10 μs ~ 1 ms 为短余辉，1 ms ~ 0.1 s 为中余辉，0.1 ~ 1 s 为长余辉，大于 1 s 为极长余辉。一般的示波器配备中余辉示波管，高频示波器选用短余辉示波管，低频示波器选用长余辉示波管。

磷光材料不同，荧光屏上便能发出不同颜色的光。一般示波器多采用发绿光的示波管，以保护人的眼睛。

（4）示波管的电源。示波管正常工作对电源供给有一定要求。规定第二阳极与偏转板之间电位相近，偏转板的平均电位为零或接近零。阴极必须工作在负电位上。栅极相对阴极为负电位（−30 ~ −100 V），而且可调，以实现辉度调节。第一阳极为正电位（+100 ~ +600 V），也应可调，用作聚焦调节。第二阳极与前加速极相连，对阴极为正高压（约 +1 000 V），相对于地电位的可调范围为 ±50 V。由于示波管各电极电流很小，可以用公共高压经电阻分压器供电。

3. 示波器的操作

示波器种类、型号很多，功能也不同。日常使用较多的是 20 MHz 或者

40 MHz 的双踪示波器。示波器用法大同小异，本部分不针对某一型号的示波器，只介绍示波器的常用功能。

（1）电源开关。当按下示波器主电源开关时，电源指示灯亮，表示电源接通。

（2）辉度调节。旋转辉度调节旋钮能改变光点和扫描线的亮度。观察低频信号时可降低辉度，观察高频信号时提高辉度。一般不应太亮，以保护荧光屏。

（3）聚焦调节。聚焦旋钮可调节电子束截面大小，将扫描线聚焦到最清晰状态。

（4）标尺亮度调节。标尺亮度旋钮可调节荧光屏后面的照明灯亮度。正常室内光线下，照明灯应暗一些；室内光线不足时，可适当调亮照明灯。

三、逻辑分析仪的工作原理和操作方法

逻辑分析仪是分析数字系统逻辑关系的仪器。逻辑分析仪属于数据域测试仪器中的一种总线分析仪，即以总线（多线）概念为基础，同时对多条数据线上的数据流进行观察和测试的仪器。这种仪器对复杂的数字系统的测试和分析十分有效。逻辑分析仪如图 4-17 所示。

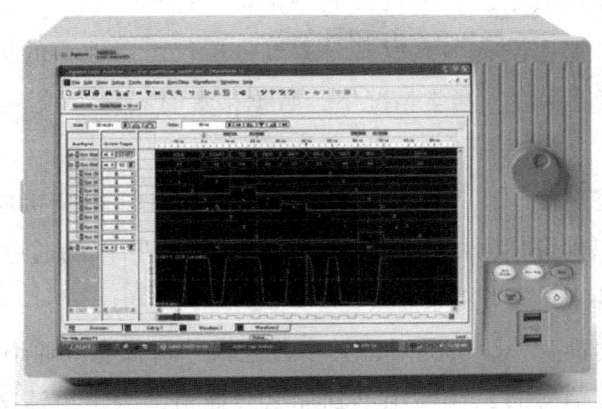

图 4-17　逻辑分析仪

1. 工作原理

逻辑分析仪的工作过程就是数据采集、存储、触发、显示的过程，由于它采用数字存储技术，可将数据采集工作和显示工作分开进行，也可同时进行，必要时，对存储的数据可以反复进行显示，以利于对问题的分析和研究。

将被测系统接入逻辑分析仪，使用逻辑分析仪的探头（逻辑分析仪的探头将若干个探极集中起来，其触针细小，以便于探测高密度集成电路）监测被测系统

的数据流，形成并行数据送至比较器。输入信号在比较器中与外部设定的门限电平进行比较，大于门限电平值的信号在相应的线上输出高电平，反之输出低电平并对输入波形进行整形。经比较整形后的信号送至采样器，在时钟脉冲控制下进行采样。被采样的信号按顺序存储在存储器中。采样信息以"先进先出"的原则存储在存储器中，得到显示命令后，按照先后顺序逐一读出信息，按设定的显示方式进行显示。

2. 主要参数

逻辑分析仪有三个重要参数：阈值电压、采样率和存储深度。

（1）阈值电压。阈值电压用来区分高低电平的间隔。例如，一款逻辑分析仪，阈值电压是 0.7~1.4 V，那么当它采集外部的数字电路信号的时候，高于 1.4 V 识别为高电平，低于 0.7 V 识别为低电平。

（2）采样率。采样率是指每秒钟采集信号的次数。例如，一个逻辑分析仪的最大采样率是 100 M，那么也就是一秒钟可以采集 100 M 个样点，即每 10 ns 采集一个样点，并且高于阈值电压的认定为高电平，低于阈值电压的认定为低电平。

（3）存储深度。采集到的高电平或者低电平信号，都要用存储器存储起来。能够存储多少个样点数是逻辑分析仪的一个重要指标。如果采样率很高，但是存储的数据量很少，那也没有多大意义。逻辑分析仪可以保存的最大样点数就是一台逻辑分析仪的存储深度。通常情况下，数据采集时间 = 存储深度 / 采样率。

3. 操作方法

（1）硬件通道连接。首先要把逻辑分析仪的 GND（电线接地端）和电路板的 GND 连到一起，以保证信号的完整性。然后把逻辑分析仪的通道接到待测引脚上，待测引脚可以用多种方式引出来。

（2）通道数设置。一般情况下，大多数逻辑分析仪有 8 通道、16 通道、32 通道等型号。在采集信号时，往往用不到那么多通道，为了更清晰地观察波形，可以把用不到的通道隐藏起来。

（3）采样率和存储深度设置。要对待测信号最高频率有个大概的评估，把采样率设置到它的 10 倍以上，还要大概判断一下采集信号的时间，在设置存储深度时，应尽量设置一定的余量。存储深度除以采样率，得到的就是保存信号的时间。

（4）触发设置。由于逻辑分析仪有深度限制，不可能无限期地保存数据。当使用逻辑分析仪时，如果没有采用任何触发设置的话，从开始抓取就开始计算时间，一直到存满设置的存储深度后，抓取就停止。在实际操作过程中，开始抓取的一段信号可能是无用信号，有用信号可能只是其中一段，但是无用信号还是占据了存储空间。在这种情况下，就可以通过触发设置来提高存储深度的利用率。例如，抓取 UART 串口信号，串口信号平时没有数据的时候是高电平，因此可以设置一个下降沿触发。从点击开始抓取，逻辑分析仪不会把抓到的信号保存到存储器中，而是会等待一个下降沿的产生，一旦产生了下降沿，才开始进行真正的信号采集，并且把采集到的信号存储到存储器中。也就是说，从点击开始抓取到下降沿产生这段时间内的无用信号，被所设置的触发给屏蔽掉了。触发设置是一个非常实用的功能。

（5）抓取波形。逻辑分析仪和示波器不同，示波器是实时显示的，而逻辑分析仪需要点击"开始抓取"，直到将所设置的存储深度存储满后结束抓取，然后可以分析抓到的信号。因此，点击"开始抓取"的步骤是必须有的。

（6）设置协议解析（标准协议）。逻辑分析仪一般都会配有专门的解码器，如果抓取的波形是标准协议，如 UART、I2C、SPI，通过设置解码器，不仅可以把波形显示出来，还可以直接把数据解析出来。

（7）数据分析。和示波器类似，逻辑分析仪也有各种测量标线，可以测量脉冲宽度、波形的频率、占空比等。通过数据分析，可以查找波形是否符合要求，从而帮助解决问题。

四、电子线路焊接工具的分类和使用方法

计算机维修工对计算机设备或者部件进行维修或者故障排除的过程中，可能需要在电子线路板上进行修复或者更换部件，这时需要对电子线路进行焊接。

电子线路焊接是将电子元件和电子线路板上的导线焊接在一起的过程。焊接是将金属导线和元件引脚之间形成永久连接的方法，其目的是实现电流的传输和信号的传递。

1. 焊接工具的分类

电子线路焊接工具可以根据其功能和用途进行分类，常见的电子线路焊接工具如下。

（1）电烙铁。电烙铁主要用于加热焊接区域，可以将焊锡熔化并涂抹在焊接点上。电烙铁分为外热式、内热式和恒温式等多种不同类型。

1）外热式电烙铁。外热式电烙铁一般由烙铁头、烙铁心、外壳、手柄、插头等部分组成。烙铁头安装在烙铁心内，用以热传导性好的铜为基体的铜合金材料

制成。烙铁头的长短可以调整（烙铁头越短，烙铁头的温度就越高），有凿式、尖锥形、圆面形和半圆沟形等不同的形状，以适应不同焊接面的需要。外热式电烙铁如图 4-18 所示。

2）内热式电烙铁。内热式电烙铁由连接杆、手柄、弹簧夹、烙铁心、烙铁头（铜头）五个部分组成。烙铁心安装在烙铁头里面，烙铁心采用镍铬电阻丝绕在瓷管上制成。内热式电烙铁如图 4-19 所示。

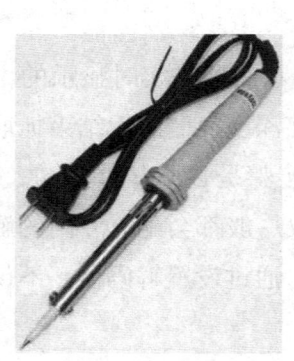
图 4-18 外热式电烙铁

图 4-19 内热式电烙铁

一般来说电烙铁的功率越大，热量越大，烙铁头的温度越高。焊接集成电路、印制电路板、CMOS 电路一般选用 20 W 内热式电烙铁。使用的电烙铁功率过大，容易烫坏元器件（一般二极管、三极管结点温度超过 200 ℃时就会烧坏）和使印制导线从基板上脱落；使用的电烙铁功率太小，焊锡不能充分熔化，焊剂不能挥发出来，造成焊点不光滑、不牢固，易产生虚焊。焊接时间过长，也会烧坏元器件，一般每个焊点在 1.5～4 s 内完成。

3）其他电烙铁。

① 恒温电烙铁。恒温电烙铁的烙铁头内装有磁铁式的温度控制器，可通过控制通电时间，实现恒温目的。在对焊接温度不宜过高、焊接时间不宜过长的元器件进行焊接时，应选用恒温电烙铁，但其价格较高。

② 吸锡电烙铁。吸锡电烙铁是将活塞式吸锡器与电烙铁融为一体的拆焊工具，它具有使用方便、灵活、适用范围广等特点，不足之处是每次只能对一个焊点进行拆焊。

（2）热风枪。热风枪是一种通过电热元件产生热量，将空气加热后形成高速气流，通过喷嘴喷出，达到加热、熔化、黏合等目的的设备。热风枪的主要作用是拆焊小型贴片元件和贴片集成电路，是计算机维修工作的重要工具之一。热风枪如图 4-20 所示。

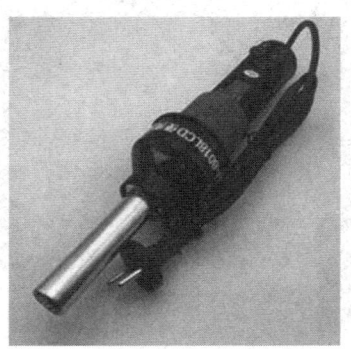

图 4-20　热风枪

热风枪主要由气泵、气流稳定器、线性电路板、手柄、外壳等构成。热风枪的技术参数主要包括功率、温度范围、气流速度等，这些参数直接影响热风枪的性能和适用范围。在使用热风枪时，需要正确使用，避免因使用不当导致出现损坏等问题。

1）旋风风枪。旋风风枪产生的气流呈旋转状，类似于涡流，因此得名为旋风风枪。这种气流具有较强的旋转和离心效应，能够更加均匀地覆盖被加热物体的表面。旋风风枪常用于需要对被加热物体进行均匀加热、烘干或处理的场合，如工业生产中的塑料成型、烤漆、烘干等过程。旋风风枪如图 4-21 所示。

图 4-21　旋风风枪

2）直风风枪。直风风枪产生的气流呈直线状，没有明显的旋转效应，气流直接朝向目标物体。这种气流可以提供更强的集中加热效果，适合对局部区域进行加热或焊接。直风风枪常用于需要对特定区域进行集中加热或焊接的场合，如焊接电子元件、管道加热等。直风风枪如图 4-22 所示。

图 4-22 直风风枪

2. 焊接工具的选用及使用

（1）电烙铁的选用。选用电烙铁一般遵循以下原则。

1）烙铁头的形状要满足被焊件表面要求和产品要求。

2）烙铁头的顶端温度要与焊料的熔点相适应，一般要比焊料熔点高 30~80 ℃。

3）电烙铁热容量要适当。烙铁头的温度恢复时间要与被焊件表面的要求相适应。温度恢复时间是指在焊接周期内，烙铁头顶端温度因热量散失而降低后，再恢复到最高温度所需时间。它与电烙铁功率、热容量以及烙铁头的形状、长短有关。

4）焊接集成电路、晶体管及其他受热易损的元器件时，应考虑选用 20 W 内热式电烙铁或 25 W 外热式电烙铁。

5）焊接较粗导线及同轴电缆时，应考虑选用 50 W 内热式电烙铁或 45~75 W 外热式电烙铁。

6）焊接较大元器件（如金属底盘接地焊片）时，应选 100 W 以上的电烙铁。

（2）电烙铁的使用。

1）电烙铁的握法。电烙铁的握法分为三种：反握法、正握法和握笔法。反握法是将电烙铁的柄握在掌内，适用于大功率电烙铁和焊接散热量大的被焊件。正握法适用于较大的电烙铁，以及弯形烙铁头的情况。握笔法则是用握笔的方式握住电烙铁，适用于小功率电烙铁和焊接散热量较小的被焊件，如焊接收音机、电视机的印制电路板等。可以根据不同的需求选择合适的方式来使用电烙铁。电烙铁握法如图 4-23 所示。

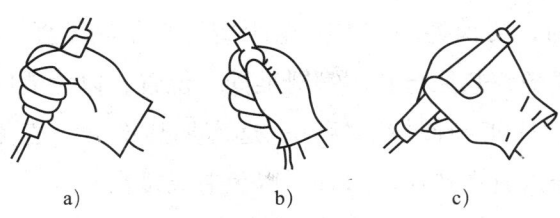

图 4-23 电烙铁握法
a）反握法 b）正握法 c）握笔法

2）电烙铁使用前的处理。在使用前先通电给烙铁头"上锡"。先用锉刀把烙铁头按需锉成一定的形状，然后接上电源。当烙铁头温度升到能熔锡时，将烙铁头在松香上沾涂一下，等松香冒烟后再沾涂一层焊锡，如此反复进行 2~3 次，使烙铁头的刃面全部挂上一层锡便可使用了。

电烙铁不宜长时间通电而不使用，这样容易使烙铁心加速氧化而烧断，缩短其寿命，甚至被"烧死"而不再"吃锡"。

3）电烙铁使用注意事项。要根据焊接对象合理选用不同类型的电烙铁。使用过程中不要随意敲击电烙铁头，以免损坏。内热式电烙铁连接杆钢管壁厚度只有 0.2 mm，不能用钳子夹，以免损坏。使用过程中应经常维护，保证烙铁头挂上一层薄锡。

（3）热风枪的温度选择。

1）加热热缩管：175~250 ℃。

2）塑料折弯和塑形：165~275 ℃。

3）拼接塑料管：165~275 ℃。

4）焊接电子元器件：350~400 ℃。

5）加热热缩包装：440~495 ℃。

6）维修时松开生锈螺栓：485~650 ℃。

（4）热风枪的使用。在使用热风枪之前，应确保工作区域通风良好，以便热风枪产生的热气能够迅速散去，避免在密闭环境中使用。此外，工作区域应该清理干净，尽量避免有易燃物品或其他危险物品存在，以防意外发生。

将热风枪插入合适的电源插座，并确保电源开关处于关闭状态。在使用之前，将开关调至最低挡位，以防意外启动或温度过高。

根据需要，可通过控制面板或旋钮来调节热风枪的温度和风速。根据具体工作要求，选择适当的温度和风速，以达到预期的加热效果。

在使用热风枪时,要保持一定的安全距离,避免热风直接接触皮肤或其他易燃物品。同时,应避免将热风枪长时间对准同一位置,以免造成过热或损坏物品。

手持热风枪时,应正确握持手柄,并远离加热部分,避免热量传导给手部。同时,要避免将手指放置在热风出口处,以免造成烫伤。

对于需要均匀加热的物体,应保持适当的距离,并使用旋风热风枪以确保加热均匀。

在热风枪使用完毕后,将温度和风速调至最低挡位,然后关闭电源开关。等待热风枪完全冷却后,才能存放或进行下一次使用。这样可以确保安全并延长热风枪的使用寿命。

在使用热风枪时还要注意:一是防止触电,避免热风枪接触到水或潮湿的物体;二是不要将热风枪靠近易燃物品、易损坏的材料或爆炸性物质;三是在使用过程中,要注意周围环境和人员的安全,并避免将热风枪直对他人。

五、焊接辅料

1. 焊接辅料种类

(1)焊料。焊料是一种易熔金属,它能使元器件引线与印制电路板的连接点连接在一起。

1)锡。锡是一种质地柔软、延展性好的银白色金属,熔点约为 232 ℃,在常温下化学性能稳定,不易氧化,不失金属光泽,耐大气腐蚀能力强。锡如图 4-24 所示。

图 4-24 锡

2)铅。铅是一种较软的蓝灰色金属,熔点约为 327 ℃,高纯度的铅耐大气腐蚀能力强,化学稳定性好,但对人体有害。铅如图 4-25 所示。

图 4-25 铅

3）焊锡。锡中加入一定比例的铅和少量其他金属可制成熔点低、流动性好、对元器件和导线的附着力强、导电性好、不易氧化、抗腐蚀性好、焊点光亮美观的焊料，一般称焊锡。焊锡如图 4-26 所示。

图 4-26 焊锡

焊锡按含锡量的多少可分为 15 种，按含锡量和杂质的化学成分可分为 S、A、B 三个等级。手工焊接常用丝状焊锡。

（2）焊剂。

1）助焊剂。助焊剂一般可分为无机助焊剂、有机助焊剂和树脂助焊剂。助焊剂能溶解去除金属表面的氧化物，并在焊接加热时包围金属的表面，使之和空气隔绝，防止金属在加热时氧化；可降低熔融焊锡的表面张力，有利于焊锡的湿润。

2）阻焊剂。阻焊剂可以限制焊料只在需要的焊点上进行焊接，把不需要焊接的印制电路板的板面部分覆盖起来，保护面板，使其在焊接时受到的热冲击小，不易起泡，同时还起到防止桥接、拉尖、短路、虚焊等。

2. 焊点的基本要求

（1）焊点要有足够的机械强度，保证被焊件在受振动或冲击时不致脱落、松动。不能用过多焊料堆积，这样容易造成虚焊、焊点与焊点的短路。

（2）焊接可靠，具有良好导电性，防止虚焊。虚焊是指焊料与被焊件表面没有形成合金结构，只是简单地依附在被焊金属表面上。

（3）焊点表面要光滑、清洁，应有良好光泽，不应有毛刺、空隙，无污垢（尤其是焊剂的有害残留物质）。要选择合适的焊料与焊剂。

（4）掌握好焊接的温度和时间。在焊接时，要有足够的热量和温度。如温度过低，焊锡流动性差，很容易凝固，形成虚焊；如温度过高，将使焊锡流淌，焊点不易存锡，焊剂分解速度加快，使金属表面加速氧化，并导致印制电路板上的焊盘脱落。尤其在使用天然松香作助焊剂时，锡焊温度过高，很易氧化脱皮而产生炭化，造成虚焊。

3. 焊接辅料的存储和运输

（1）存储。

1）要避免在高温的库房中存储。焊锡的熔点虽然都在200 ℃以上，平常的环境对焊锡基本上是没有影响的。但是，焊锡还是要避免存储在温度很高或者有火源的库房内。

2）要和易燃易爆物品分开入库。易燃易爆物品如果在库房里不小心燃爆，对于焊锡来说危害很大。

3）要放在干净没有灰尘的地方。状态良好的焊锡表面光滑、洁亮，有很好的延展性，平整无杂质。但是，如果环境中灰尘很多，会堆积到焊锡上，易造成被焊接物品的表面不光洁。

（2）运输。

1）包装完好。在进行焊接辅料的运输前，确保其包装完好无损。没有破损、漏水或者其他异常情况，以免在运输过程中导致焊接辅料受损或泄漏。

2）避免受潮。对于焊条、焊丝等易受潮的焊接辅料，需要采取防潮措施。在运输过程中，要避免浸水，选择合适的交通工具和包装材料，确保焊接辅料不会潮湿。

3）防止振动和碰撞。焊接辅料在运输过程中要避免受到剧烈振动和碰撞，特别是一些易碎或者易变形的辅料。

4）控制温度。一些特殊的焊接辅料对温度变化比较敏感，在运输过程中要尽量避免其处于高温、低温环境以及直射阳光，防止影响焊接辅料的性能。

5）安全防护。对于易燃、易爆、有毒等危险性较高的焊接辅料，在运输过程中要加强安全防护措施，确保运输人员和周围环境的安全。

6）合规运输。根据当地法律法规和相关标准，选择合规的运输方式和运输工具，确保焊接辅料的运输合法合规。

4. 健康与环保要求

（1）焊锡是一种化学产品，混合了多种化学成分，切记不要多次较近距离嗅闻气味，更不可以食用。

（2）在焊接过程中，助焊剂产生的部分烟雾会对人体的呼吸系统产生刺激，长时间呼吸其产生的废气可能引起不适。因此，应确保作业现场通风良好，焊接区域必须安装充足的排气装置，将废气排走。

（3）应有必要的防范措施，避免锡膏接触人体皮肤和眼睛，若不慎接触皮肤，则应立即用沾有异丙醇的布在该处擦干净，再用肥皂和清水清洗干净。

（4）作业过程中不允许饮食、吸烟，作业后须先用肥皂或清水洗手后才能进食。

（5）废弃的锡膏和清理后沾有锡膏污渍的清洁布不能随意丢弃，应将其装入密封的容器中，并按照相关规定处理。

培训课程 2 测试工具常识

学习单元 1　计算机硬件故障诊断与测试工具

一、计算机专用故障诊断卡

1. 定义

故障诊断卡也称 POST 卡，是主板维修必备工具，通过故障诊断卡，能诊断出主板故障大概发生在哪个部件。它的工作原理是利用主板 BIOS 内部自检程序检测结果，通过代码显示出来，从而找到计算机主板故障。不同的故障显示的代码是不同的。操作系统出现问题时，显示器不显示（黑屏）、蓝屏、频繁死机等常见的计算机主板故障，都可以通过故障诊断卡对计算机硬件进行检测和识别，起到事半功倍的效果。故障诊断卡如图 4-27 所示。

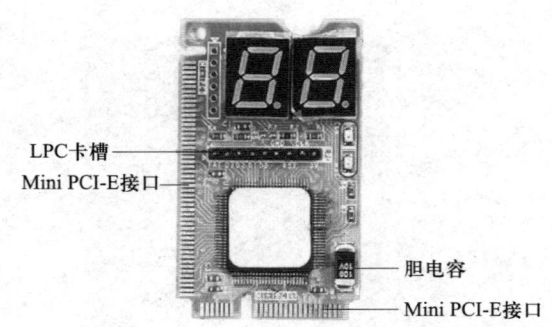

图 4-27　故障诊断卡

2. 功能特点

（1）兼容性强。故障诊断卡支持各种品牌和型号的计算机，可以满足不同用户的需求。

（2）诊断速度快。故障诊断卡采用先进的硬件处理技术，大大提高了故障诊断的速度和准确性。

（3）操作简便。用户只需将故障诊断卡插入计算机，即可自动进行故障诊断，无须具备专业技能。

（4）诊断结果可靠。故障诊断卡能够准确识别计算机硬件的故障，为用户提供可靠的维修依据。

（5）安全性高。故障诊断卡采用加密技术，确保用户数据和计算机安全。

3. 应用场景

（1）企业数据中心。故障诊断卡可以帮助企业及时发现和解决计算机硬件故障，确保数据中心的稳定运行。

（2）计算机维修行业。故障诊断卡可以为计算机维修工提供准确的故障信息，提高维修效率。

（3）教育机构。故障诊断卡可以辅助教学，帮助学员和教师快速掌握计算机硬件知识。

（4）家庭用户。故障诊断卡可以让家庭用户轻松排查计算机硬件故障，节省时间和精力。

二、专用网络性能测试工具

1. 网络链路测试工具的使用

（1）双绞线测线器的使用。双绞线测线器使用方便，能够快速测出线路故障，一般也可以用于检测电话线是否通顺。

步骤 1：在测网线的时候把开关拨到"ON"，如图 4-28 所示。

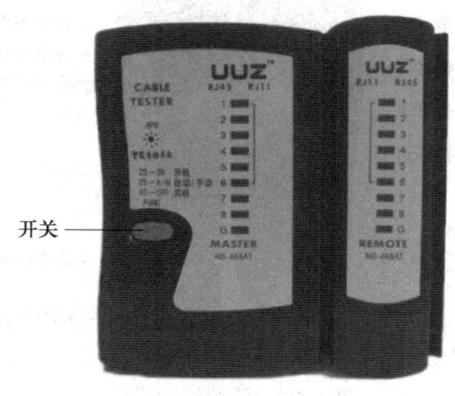

图 4-28 双绞线测线器开关

双绞线测线器可以测试两种线,一种是 RJ45 接头的网线,另一种是 RJ11 接头的电话线,如图 4-29 所示。

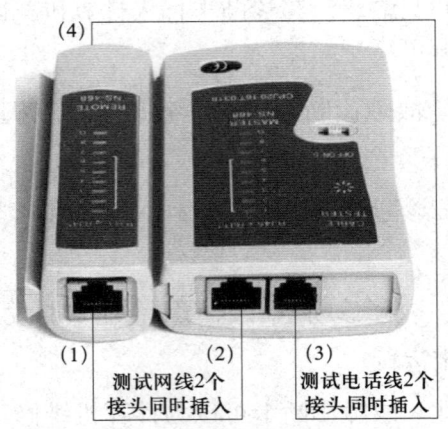

图 4-29 双绞线测线器接口
(1) RJ45 接口 1 (2) RJ45 接口 2 (3) RJ11 接口 1 (4) RJ11 接口 2

步骤 2:把需要测试的网线的两端分别插入测试仪左边的网线接口和右边的网线接口,在网线正常的情况下,两边灯都应该按 1 至 8 顺序同步亮。如果乱序亮灯,说明可能接线的时候接错了,需要重新接;如果顺序亮灯,但中间有 2 号或者 3 号不亮,说明这个线不通。

(2)双绞线寻线仪的使用。双绞线寻线仪是一种用于定位、追踪和测试双绞线网络线路的工具,如图 4-30 所示。

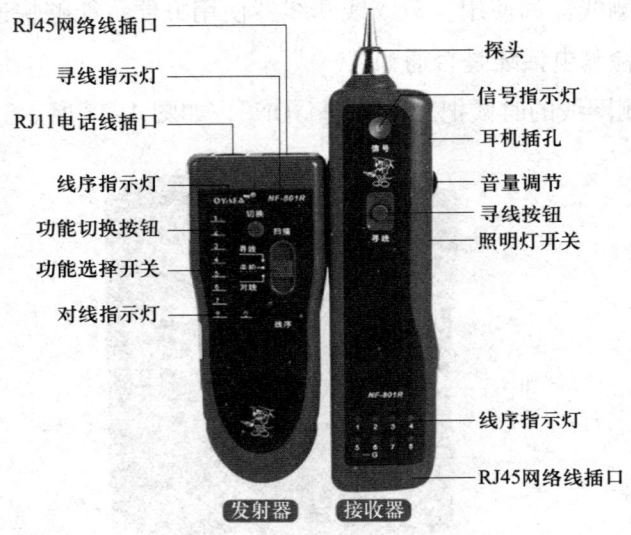

图 4-30 双绞线寻线仪

步骤1：将双绞线寻线仪插入要测试的双绞线插座中，如图4-31所示。

步骤2：打开双绞线寻线仪的电源开关，并选择相应的测试模式。通常有两种模式可供选择，寻线模式和测试模式。

步骤3：在寻线模式下，双绞线寻线仪会发出一定频率的信号，并通过指示灯或LCD屏幕显示信号强度。可以使用双绞线寻线仪的接收器来追踪信号并定位线路的位置。沿着双绞线走向移动接收器，直到找到信号的最强点。

图4-31 双绞线寻线仪与双绞线插座相连接

除了寻线功能外，双绞线寻线仪也具有普通测线器所具有的测线功能，使用方法和测线器类似。

需要注意的是，使用双绞线寻线仪时要遵循安全操作规程，防止电击和其他潜在危险。此外，应确保双绞线寻线仪的电池电量充足，以保证测试结果准确。

2. 网络速率测试工具的使用

网速是计算机用户非常关心的事情，当用户需要了解网速情况时，计算机维修工需要用到网络速率测试工具进行测试。下文以360测速和Speedtest在线网络测试为例讲解测试工具的使用方法。

（1）360测速。打开360安全卫士，找到上方的"功能大全"，如图4-32所示。

图4-32 "功能大全"

单击进入"功能大全"，在弹出界面的左侧，找到"网络"选项并单击，如图4-33所示。

图 4-33 "网络"

单击"网络"选项后,在弹出的界面里找到"宽带测速器"并单击,如图 4-34 所示。

图 4-34 "宽带测速器"

单击"宽带测速器"后,就会开始测速,如图 4-35 所示。

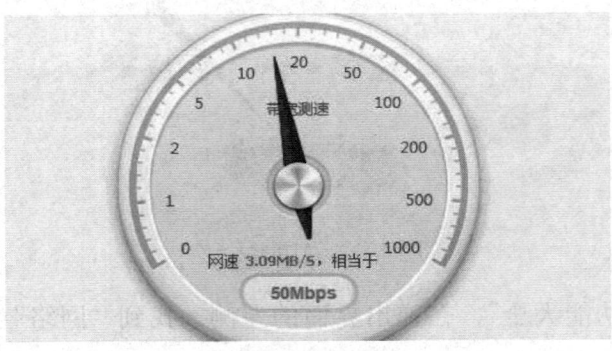

图 4-35 开始测速

测速完毕，会显示出结果，如图 4-36 所示。

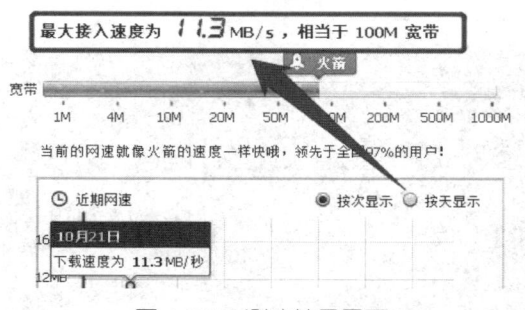

图 4-36 测速结果界面

（2）Speedtest 在线网络测试。Speedtest 是一款在线网络速率测试工具，可以测试网络的下载速度、上传速度和延迟，网址是 https://www.speedtest.cn/，它的使用步骤如下。

步骤 1：输入网址，打开网站，界面如图 4-37 所示。

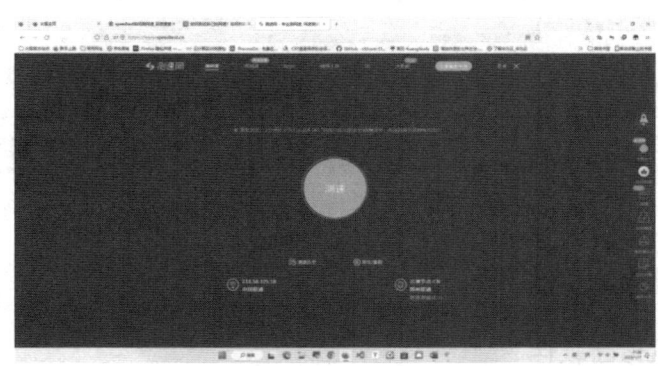

图 4-37 Speedtest 界面

步骤 2：单击"测速"按钮，开始测速，如图 4-38 所示。

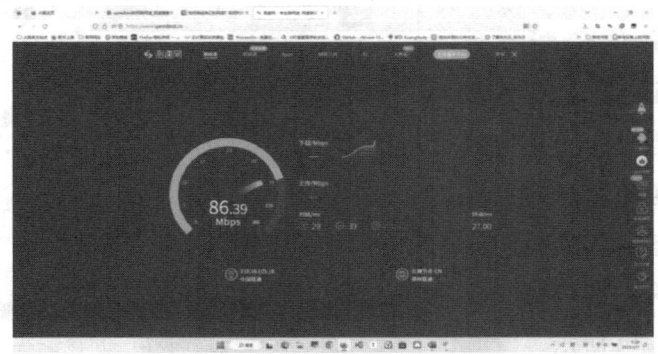

图 4-38 开始测速

步骤3：显示测试结果，如图4-39所示。

图4-39　显示测试结果

这类在线网页测试网站可以进行网络的上传与下载的速率测试，这类测试可以检测到当前链路的最低链路速度。

学习单元2　计算机软件测试工具

一、常用测试软件

1. 整机测试诊断软件

计算机整机测试诊断软件有很多，以下是常见的整机测试诊断软件。

（1）联想硬件诊断软件（Lenovo Diagnostics）。这是一款简易实用，功能全面的系统修复软件，可以帮助用户对计算机出现的一些蓝屏、死机问题进行修复，能够一键扫描并诊断故障，如图4-40所示。

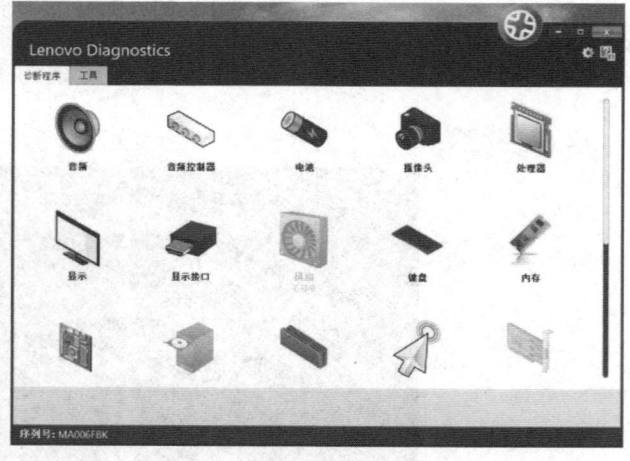

图4-40　联想硬件诊断软件界面

联想硬件诊断软件的操作界面非常简单，用户只需单击，软件便会自动检测计算机硬件设备，包括 CPU、内存、硬盘、显卡等，并对其进行逐一诊断。在诊断过程中，用户可以随时查看诊断结果，以便及时了解计算机的运行状况。

（2）鲁大师。鲁大师是一款个人计算机系统工具，也是一款专业硬件级工具软件，支持 Windows 2000 以上的所有 Windows 系统版本。其主要功能包括硬件检测、硬件测试、系统优化、节能降温、驱动安装、驱动升级、计算机检测、性能测试、实时温度检测、电池保护、计算机保护和手机评测等，操作界面如图 4-41 所示。

图 4-41　鲁大师界面

（3）腾讯管家。腾讯管家自带跑分，点开后选择工具箱，然后选择"硬件检测"，单击测评就能进行检测评分，如图 4-42 所示。

图 4-42　腾讯管家界面

（4）AIDA64 Extreme Edition（AIDA64）。AIDA64 是一款功能强大的软硬件系统信息检测工具，界面如图 4-43 所示。它的主要功能如下。

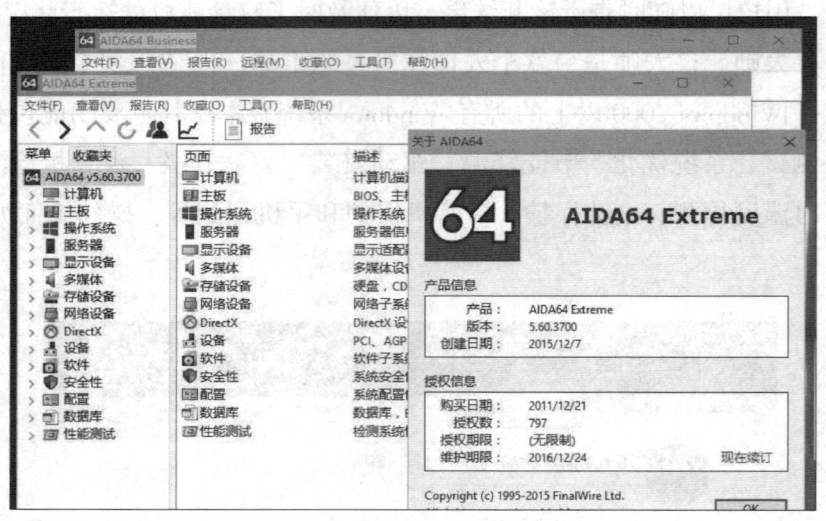

图 4-43　AIDA64 界面

1）硬件检测：AIDA64 能够详细显示计算机每个方面的信息，包括处理器、主板、内存、显卡、硬盘等硬件设备的详细信息。其硬件数据库规模庞大，包含超过 208 000 条硬件条目，确保用户能够获取最准确的硬件信息。

2）性能评估：AIDA64 提供了多种性能测试项目，如 CPU、内存、磁盘的性能测试，可帮助用户全面了解系统的性能表现。同时，AIDA64 还支持基准测试和比较功能，用户可以将自己的测试结果与其他系统进行精确比较。

3）超频辅助：AIDA64 提供了协助超频的功能，帮助用户优化系统性能。通过实时监控硬件状态，用户可以调整系统设置以达到最佳的超频效果。

4）硬件侦错：AIDA64 具备强大的硬件故障诊断能力，能够帮助用户快速定位并解决硬件问题。通过查看详细的硬件日志和系统信息，用户可以更容易找到问题的根源。

5）压力测试：AIDA64 提供了压力测试功能，用户可以将系统置于高负载下以测试其稳定性和热性能。在测试过程中，软件会监控温度、电压和风扇速度等关键指标，确保系统的稳定运行。

6）传感器监测：AIDA64 支持多种传感器的监测功能，包括 CPU 温度、风扇转速等。用户可以通过实时监控这些指标来了解系统的健康状况并及时采取措施预防潜在问题的发生。

2. 单一方向测试软件

（1）CPU 压力测试软件。

1）HWiNFO64。HWiNFO64 是一款专业性强的系统硬件信息检测查看工具，为用户提供处理器、主板及芯片组、PCMCIA 接口、BIOS 版本、内存等信息，还支持对处理器、内存、硬盘（Windows 9X 里不可用）以及 CD-ROM 的性能测试功能，识别信息的同时还提供报告创建、基准检测、传感器状态等工具。HWiNFO64 界面如图 4-44 所示。

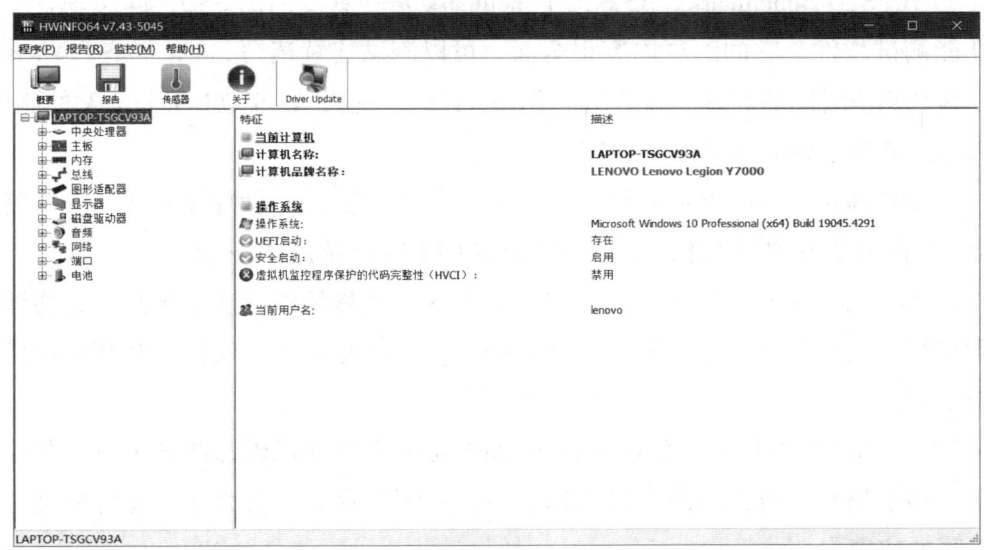

图 4-44　HWiNFO64 界面

2）Prime95。Prime95 是一个专用于测试系统稳定性的软件，也是一款运行于 Microsoft Windows 中的开源软件。它把高负荷的工作量加载在 CPU 上，以此考验 CPU 的承受能力。这一测试因其可以发现其他测试程序无法发现的稳定性问题而备受关注，更被许多专业的计算机制造商用来确定计算机的稳定性。

3）CPU Burn-in。CPU Burn-in 是一款用来测试 CPU 稳定性的测试软件。CPU Burn-in 能将 CPU "加热"到所能承受的极限温度，通过内置的算法，不断检测 CPU 在超频时发生的运算错误。

4）CineBench。CineBench 是一款 CPU 测试软件，可以测试处理器的多线程性能以及单线程性能。

5）SuperPI。SuperPI 是一款专用于检测 CPU 稳定性的软件，通过计算圆周率让 CPU 高负荷运作，以达到考验 CPU 计算能力与稳定性的作用。

6）CPU-Z。CPU-Z 是一款 CPU 检测软件。它支持的 CPU 种类相当全面，启动速度及检测速度都很快。此外，它还能检测主板和内存的相关信息，还有常用的内存双通道检测功能。

（2）硬盘性能测试软件。

1）ATTO Disk Benchmark。ATTO Disk Benchmark 是一款简单易用的磁盘传输速率检测软件，可以用来检测硬盘、U 盘、存储卡以及其他可移动磁盘的读写速率。

2）AS SSD Benchmark。AS SSD Benchmark 是一款专门的 SSD（固态硬盘）基准性能测试软件，它的测试内容很全面，可以测试连续读写、4K 对齐、4KB 随机读写和响应时间的表现，并给出一个综合评分。通过 AS SSD Benchmark 的测试，可以很全面地了解一款 SSD 的性能。

3）HD Bench。HD Bench 是一款硬盘、U 盘、移动硬盘测试工具，可以测试磁盘/分区的读取和写入速度，还可以测试 CPU/内存的读写速度。

4）HD Tune Pro。HD Tune Pro 是一款专业的机械硬盘的测试工具，它能够将硬盘型号、文件基准信息、硬盘扇区的好坏、磁盘监视等多项信息及其使用情况反映出来。

5）Crystal Disk Mark。Crystal Disk Mark 是一个计算机硬盘测试工具，其界面简单、易于操作，可以随时测试存储设备，可测试存储设备大小，还可测试可读和可写的速度。

6）Anvil's Storage Utilities。Anvil's Storage Utilities 是一个专门为 SSD 测试而设计的软件，具有很强的可定制性。

Anvil's Storage Utilities 软件的功能与 AS SSD Benchmark 有些相似，但界面更新颖，测试出的数据和得分更直观。Anvil's Storage Utilities 的测试项目更多，测试后读写成绩呈上下排列，清晰明了。只要单击"RUN"，所有测试就会自动完成，也可以分别对单独的项目进行独立测试，还可以对测试文件大小和测试的磁盘进行选择。此外，其可详细显示硬盘信息，包括品牌、容量、固件版本等。Anvil's Storage Utilities 还可以直接进行测试成绩截图，使用起来非常方便。

（3）IO 压力测试。目前主流的第三方 IO 压力测试工具有 FIO、IO Meter、IO Zone 和 ORION。

（4）显示器测试。Display X（显示屏测试精灵）是一款小巧的显示器检测软件，它可以在微软 Windows 全系列操作系统中正常运行。

(5)内存测试。

1)TestMem5。TestMem5 是一款好用的计算机内存测试软件,能够帮助用户快速检测计算机内存性能和稳定性情况。以管理员身份运行,它会自动开始测试。TestMem5 界面如图 4-45 所示。

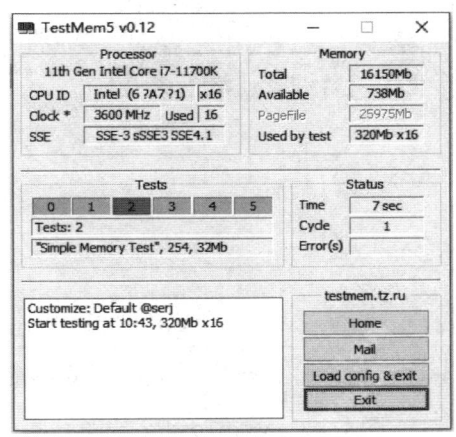

图 4-45　TestMem5 界面

2)MemTest64。MemTest64 是一款便捷的计算机内存稳定性检测工具,它使用简单,尤其适合对内存频率、时序进行拔高之后的检验。MemTest64 界面如图 4-46 所示。

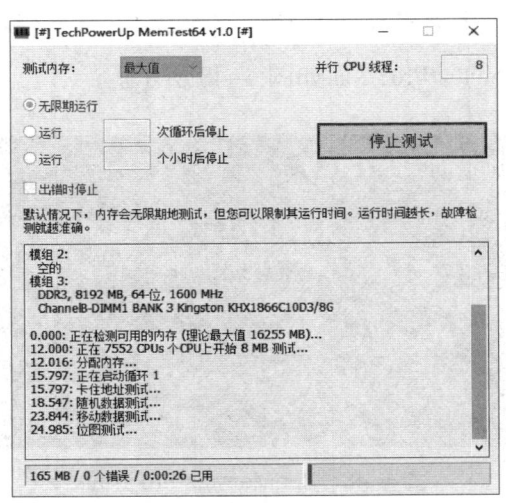

图 4-46　MemTest64 界面

3)MemTestPro。MemTestPro 是一款非常实用的内存检测工具,可以帮助用户测试内存条的稳定性。MemTestPro 界面如图 4-47 所示。

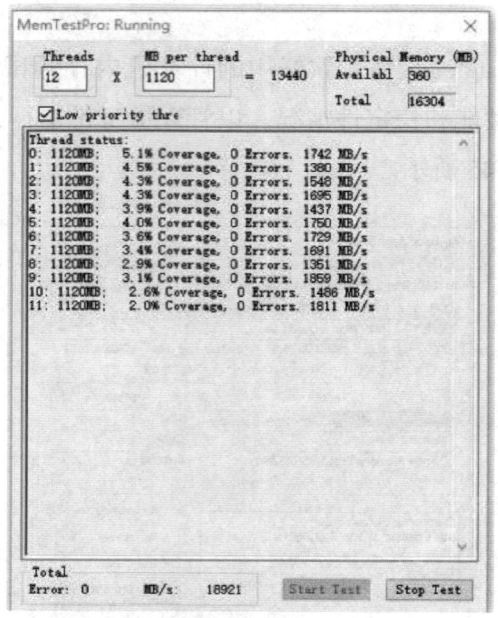

图 4-47　MemTestPro 界面

4）MemTestHelper。MemTestHelper 是一款免费开源的计算机内存检测工具，能够帮助用户测试内存，检测内存超频之后的稳定性，判断内存是否可以信赖。

5）RunMemtestPro。RunMemtestPro 可对内存条进行压力测试（1 h 以上），了解计算机内存条的最大功率，同时提供内存超频功能；可自定义延迟补偿时间、自动截图时间、测试结束后动作等参数。当参数 Errors（错误）显示为"0"即为通过压力测试。RunMemtestPro 界面如图 4-48 所示。

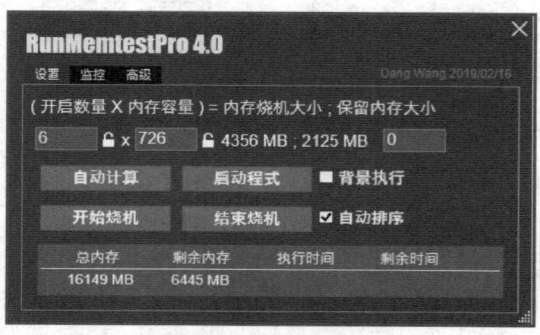

图 4-48　RunMemtestPro 界面

6）Thaiphoon Burner。Thaiphoon Burner 是一款内存 spd 信息查看、修改软件，功能非常强大，能够复制、修改内存 spd 信息，可以快速编辑内存计时参数，兼容性强，方便又好用。Thaiphoon Burner 界面如图 4-49 所示。

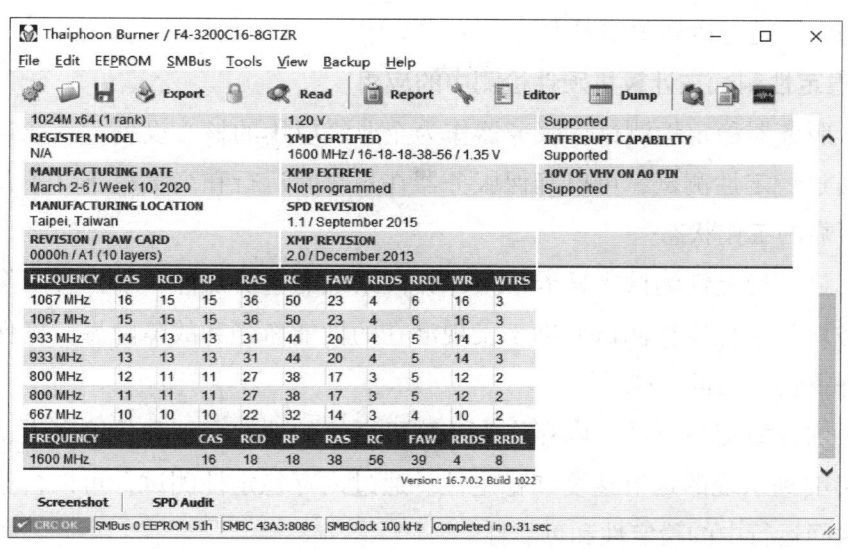

图 4-49　Thaiphoon Burner 界面

二、稳定性测试

稳定性测试又称烤机，是计算机硬件领域中一种重要的测试方法。其主要目的是在极限条件下，检验硬件设备的稳定性和可靠性。

1. 稳定性测试的核心思想与目的

稳定性测试的核心思想是通过长时间连续运行硬件设备，使其工作在极限条件下，从而暴露潜在的问题。这些问题可能包括硬件故障、性能下降、过热等。稳定性测试的目的在于确保硬件设备在长时间运行过程中，能够保持稳定可靠的工作状态。

2. 稳定性测试的方法与步骤

（1）准备工作。在进行稳定性测试前，需要确保测试环境满足以下条件：充足的散热设施、稳定的电源供应、合适的硬件配置等。

（2）负载设置。根据被测硬件设备的类型和性能指标，选择合适的负载。负载可以是系统自带的负载，也可以是专门设计的负载模块。

（3）监控与记录。在稳定性测试过程中，需要对硬件设备的各项参数进行实时监控，如温度、电压、电流等。同时，将监控数据记录下来，以便后续分析。

（4）分析与评估。通过对监控数据的分析，判断硬件设备在稳定性测试中的表现。如发现异常情况，需进一步排查原因，并进行相应的修复或更换。

（5）测试结果判定。稳定性测试结束后，根据硬件设备在测试过程中的表现，判断其稳定性是否达到预期要求。

3. 稳定性测试在计算机硬件检测中的应用

（1）服务器稳定性测试。服务器作为企业级应用的核心设备，其稳定性至关重要。通过稳定性测试，可以确保服务器在长时间运行和高负载条件下，仍能保持稳定可靠的工作状态。

（2）显卡稳定性测试。显卡作为计算机系统的重要部件，承担着图像处理和计算任务。显卡稳定性测试有助于发现潜在的性能瓶颈和故障隐患，确保显卡在极限条件下仍能正常工作。

（3）内存稳定性测试。内存作为计算机系统的数据存储和传输通道，其稳定性直接影响到系统的运行速度和稳定性。通过内存稳定性测试，可以检验内存模块在长时间运行中的稳定性和可靠性。

（4）硬盘稳定性测试。硬盘作为计算机系统的数据存储设备，其稳定性对系统的数据安全至关重要。硬盘稳定性测试有助于发现硬盘的潜在故障，确保数据安全。

4. 烤机环境搭建和测试方法

传统意义上的计算机一般都是由多个不同功能组件组装而成的，只有能够相互协同才能正常工作。所以，每个组件必须保证自身没有问题才不会影响到整台计算机的稳定性。烤机软件可以轻松让硬件实现全负载工作，这样只需打开很少的程序即可对整台计算机或某个配件进行稳定性测试。由于计算机的模块化特性，烤机软件也存在针对不同组件设计的软件，如CPU稳定性测试软件、显卡稳定性测试软件、内存稳定性测试软件等。下面介绍烤机环境搭建及应用方法。

（1）使用AIDA64进行计算机烤机环境搭建的方法。

1）双击快捷方式打开"AIDA64 Extreme"，如图4-50所示。

图4-50　AIDA64 Extreme 图标

2）单击菜单"工具"——"系统稳定性测试（S）"，如图4-51所示。

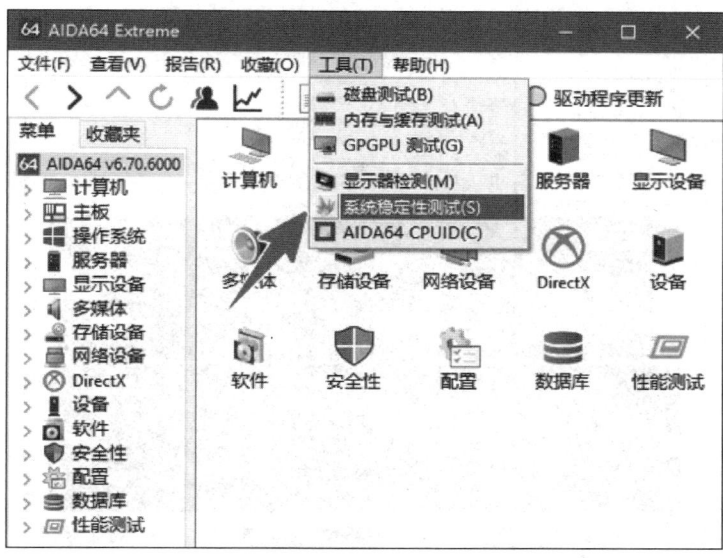

图 4-51 单击"系统稳定性测试（S）"

3）勾选左上角的所有项目，单击"Start"开始测试，如图 4-52 所示。

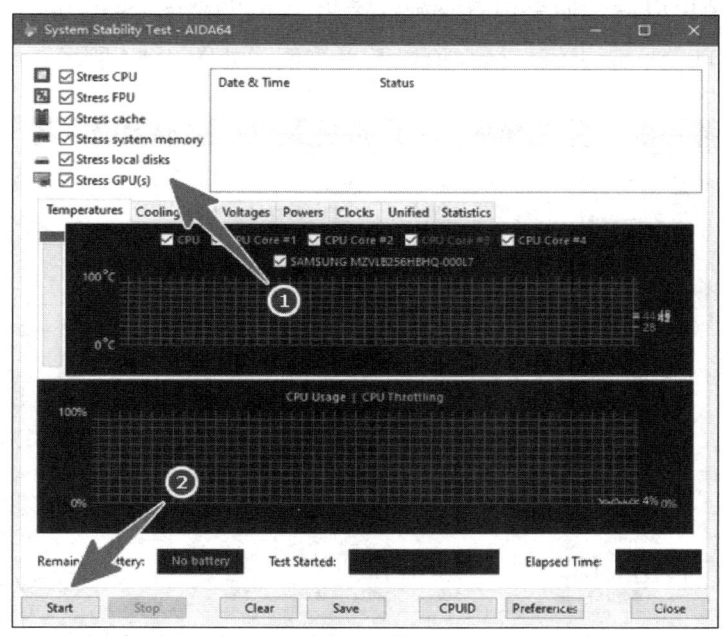

图 4-52 单击"Start"开始测试

4）在测试过程中，可以实时查看各项参数，了解当前的机器状态。如果想结束烤机，可以随时单击"Stop"。查看参数如图 4-53 所示。

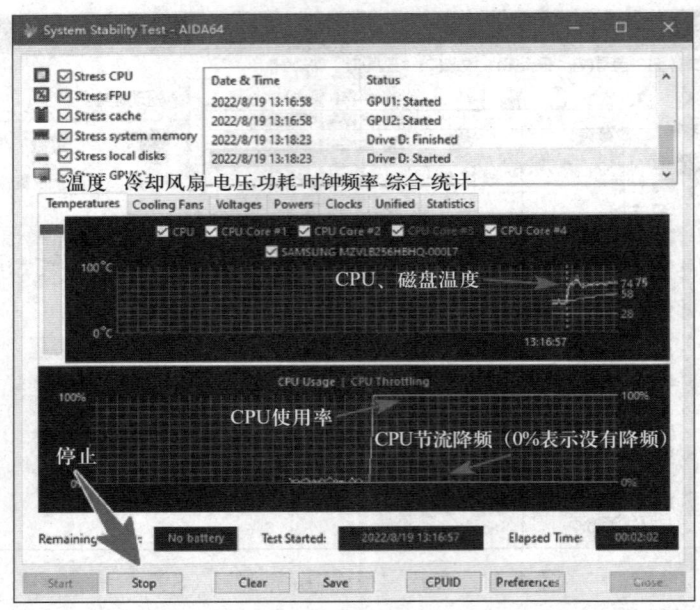

图 4-53 查看参数

5）烤机结束以后，如果想查看统计结果，可以单击"Statistics"，系统给出了几项参数的当前值、最小值、最大值以及平均值，如图 4-54 所示。

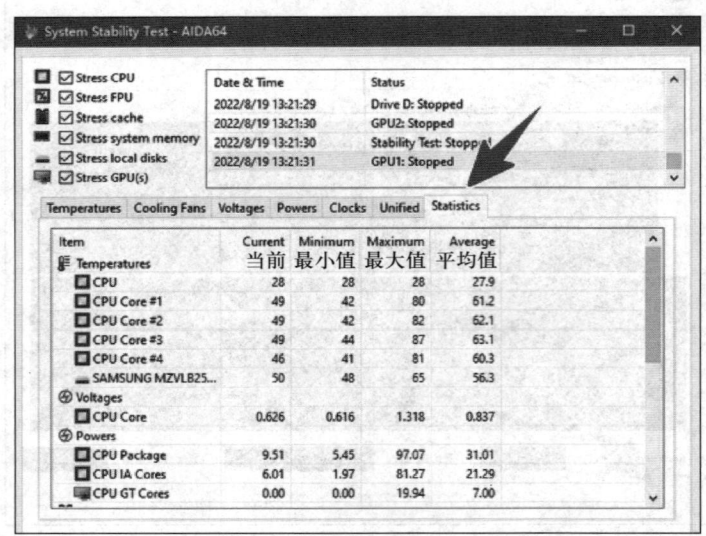

图 4-54 查看统计结果

（2）使用 FurMark 进行计算机烤机环境搭建的方法。

1）打开 FurMark，可以看到如图 4-55 所示界面。

2）在烤机时，把左下方的"Burn-in"前面打上钩，下面的"Xtreme burn-in"

模式会解锁，把这一项也勾上，然后单击右边"BURN-IN test"就可以进行烤机。一般这种模式 15 分钟左右就可以完成烤机。烤机界面如图 4-56 所示。烤机过程如图 4-57 所示。

图 4-55　FurMark 界面

图 4-56　烤机界面

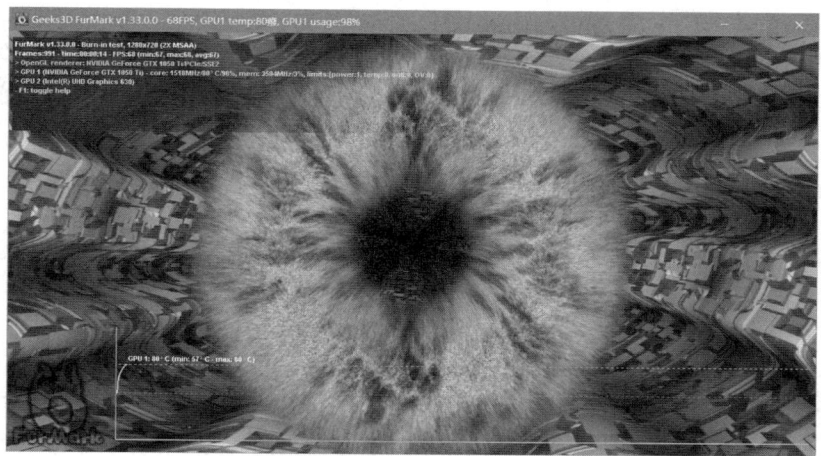

图 4-57　烤机过程

职业模块 5
安全与法律常识

培训课程 1

安全生产知识

学习单元 1　安全操作与用电规范

一、计算机维修工作安全操作基础知识

1. 计算机维修规范

（1）维修设备时禁止带电操作，拆卸前须用电笔进行测试。

（2）拆卸路由器、交换机等网络设备时，必须断电，待直流电压消失后再进行操作。

（3）检修带大电容电子板时，首先对电容进行自放电。

（4）严禁带电插拔电路板。

（5）拆卸设备时确保螺栓、设备部件摆放有序，以免造成螺栓或部件装配不全。

（6）接触敏感元件电路板前，人体先对地放电，尽量避免手直接接触 CUVC（control unit with vector control，带有矢量控制的控制单元）板和静电敏感元件。

（7）更换静电敏感元件时，电烙铁必须接地或切断电源再进行焊接。

（8）检查进线熔断器是否匹配，直流进线端子及三相输出端子是否存在短路或对地现象。

（9）设备变频器送电试验时必须检查接线是否正确，先接通 24 V 电源，调试 CUVC 板，无故障后再送直流电。

（10）换件后进行通电试验时，手不能离开电源开关，发现冒烟、打火时必须马上断电，避免事故扩大。

（11）对设备检修完毕后，注明检修时间及设备是否正常。

（12）维修完毕后清点工具，收拾好现场，严格按要求做好检修记录。

2. 计算机部件拆装原则

（1）由于机型结构不同，具体机型的部件拆装要参考该机型的"部件拆装指导"。

（2）如果是上门服务，在进行机器拆装前，要征得用户的签字同意。

（3）拆装前应对机器外部的连接线部位进行详细拍照，照片应清晰。

（4）拆装前应对机器内部的连接线部位进行详细拍照，照片应清晰。

（5）拆装前应准备维修笔记或者维修软件对用户设备详情及故障现象进行登记。

（6）要拆装的机器，应放置在比较宽敞的平台上。平台应整洁，避免人为划伤、磕碰机器。

（7）必须在切断电源连接的情况下（拔掉主机电源线）进行拆装操作。严禁带电操作。

（8）在进行机器的拆装前，必须佩戴好防静电手环，在平整的台面上铺好防静电布，要将防静电手环与有效的接地点可靠连接，这样可以有效地将人体产生的静电导入地面，保护计算机元件免受静电损害。

（9）拆卸顺序：先外后内、先连接线后部件；如有其他部件遮挡，应先拆卸其他部件。安装顺序正好与拆卸顺序相反，即先内后外、先部件后连接线。

（10）在拆装操作中，必须使用规定的工具，并将拆卸下来的螺钉等放入零件盒内。使用的工具要求摆放整齐，以便于取放。

（11）在拆装操作中，每拆卸一个部件，要观察连接部分是否完好。

（12）安装完成后，要对内部的连接线进行整理，要求连接线、电缆必须按拆装前的形式用捆绑线捆好，并遵守如下原则。

1）连接线、电缆等不应遮挡机箱内部的风道。

2）连接线、电缆等不能在CPU风扇的上方，必须避开CPU风扇的位置（可在四周绕行）。

3）硬盘、光驱信号线须在主板的前侧端（面板一侧）。

（13）计算机部件在不用时，要装入防静电包装中，不允许竖放、裸露叠放。取放部件必须轻拿轻放，严禁野蛮操作。

（14）在安装完成后，应确保如下事项。

1）连接线安装齐全。

2）不应有缺漏的螺钉，且各部件所用螺钉的规格符合要求。

3）连线设置正确（按照各部件的设置说明和系统要求设置）。

（15）更换完成后的检验。

1）将防静电手环与接地点断开连接。

2）连接主机电源。

3）进行针对故障点的检验，保证故障排除。

（16）在合上机箱后，应对机箱外部进行必要的清洁，并将设备复原到拆装前的连接状态。

二、主要国家和地区用电规范

1. 安全电压标准

安全电压是指不致使人直接致死或致残的电压。

世界各国对于安全电压的规定不尽相同。有 50 V、40 V、36 V、25 V、24 V 等，许多国家采用 36 V 为安全电压。国际电工委员会规定安全电压限定值为 50 V，25 V 以下电压可不考虑防止电击的安全措施。

我国规定 36 V、24 V、12 V 3 个电压等级为安全电压级别，以供不同场所使用。在有高压触电危险地区的安全电压为 36 V，无高压触电危险地区的安全电压为 24 V。在潮湿、有导电尘埃、高温和金属容器内工作时，则以 12 V 为安全电压。安全电压的规定是从总体上考虑的，对于某些特殊情况、某些人也不一定绝对安全。可见，即使在规定的安全电压下工作，也不可粗心大意。

2. 安全距离标准

安全距离指在各种工作条件下，带电导体和周围接地体、地面、不同相的带电导体以及工作人员之间必须保持的最小距离。

安全距离大小与施加于导体的放电特性及电压等级密切相关。对于雷电过电压，安全距离要根据避雷器的特性决定。对于操作过电压，安全距离根据电网可能出现的过电压倍数决定。

3. 主要国家用电规范

目前世界各国室内用电所使用的电压大体有两种，分别为 100～130 V 与 220～240 V。100 V、110～130 V 被归类为低压，美国、日本等国家使用该电压，注重的是安全；220～240 V 则被称为高压，其中包括了中国的 220 V 及英国的 230 V，注重的是效率。采用 220～230 V 电压的国家里，也有使用 110～130 V 电压的情形，如瑞典、俄罗斯。

各国电源插头规格如图 5-1 所示。

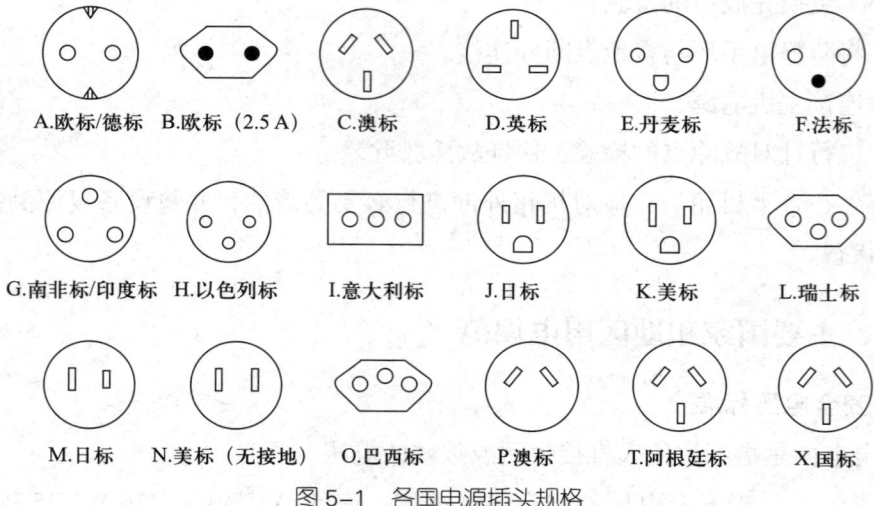

图 5-1　各国电源插头规格

学习单元 2　安全常识

一、安全用电、防电磁辐射常识

1. 安全用电常识

计算机维修工在进行维修时，需要遵守以下安全用电常识。

（1）掌握电器维修的基本知识。了解电器的工作原理、电路结构和组成部分，能够正确判断电器故障与进行维修。

（2）使用绝缘工具。计算机维修工应该使用绝缘手套、绝缘工具等，避免直接接触电器元件，以减少触电的风险。

（3）关闭电源并断开电源线。在进行维修之前，应该先关闭电源开关，并将插头拔出电源插座，确保电器不会意外开启或者触电。

（4）检查电器绝缘状态。在维修之前，应该先检查计算机等设备的绝缘状态，确保绝缘材料没有损坏或者老化，防止触电事故发生。

（5）防止短路。在进行电路维修时，应该使用绝缘胶带或绝缘套管对电路进行绝缘处理，避免短路导致火灾或触电事故发生。

（6）使用安全插座和电源线。计算机维修工应该使用符合国家安全标准的插座和电源线，避免因电源线老化或者插头松动导致电器故障和触电事故发生。

（7）注意防静电。计算机维修工在进行电路维修时，应该注意防止静电的产生和积累，避免静电放电对电器元件造成损坏。

（8）禁止带电维修。计算机维修工在进行维修时，禁止带电维修，必须先断开电源，确保维修过程安全。

（9）定期检查维修工具和设备。计算机维修工应该定期检查和维护维修工具和设备，确保其能正常工作。

（10）及时处理故障。计算机维修工在发现电器故障时，应该及时处理，避免故障扩大和引发更严重的安全问题。

计算机维修工在进行维修时，应该具备相关的安全用电常识和操作技能，确保维修过程安全，避免触电和其他安全事故的发生。

2. 防电磁辐射常识

电磁辐射是指电磁波在空间传播时带来的能量传递。它是一种无形无色的能量，常常来自电器设备、通信设备、无线网络、电线电缆等。长期暴露在高强度电磁辐射下可能对人的健康产生一定的影响，因此，了解和采取一些防护措施是很有必要的。

首先，了解电磁辐射源是非常重要的。常见的电磁辐射源包括手机、微波炉、电视、计算机、电线电缆等。在使用这些设备时，尽量与电磁辐射源保持一定的距离，减少辐射对身体的影响。

其次，合理使用电器设备也是防护电磁辐射的重要措施。例如，使用手机时可以选择使用耳机，避免将手机直接贴近耳朵；在使用计算机和电视时，可适当调整屏幕亮度和对比度，减少电磁辐射对眼睛的刺激。

再次，选择合适的电磁辐射防护产品也是一种有效的防护措施。市场上有许多电磁辐射防护产品，如电磁辐射防护眼镜、电磁辐射防护服、电磁辐射防护贴等。这些产品可通过吸收、反射或屏蔽电磁辐射，减少辐射对身体的影响。

最后，保持良好的生活习惯也有助于减少电磁辐射对身体的影响。例如，保持充足的睡眠、均衡的饮食和适度的运动，可以提高身体的免疫力和抵抗力，减少电磁辐射对身体的损害。

总之，防护电磁辐射需要从多个方面进行综合考虑，了解电磁辐射源、合理使用电气设备、选择合适的防护产品以及保持良好的生活习惯都是有效的防护措施。

（1）计算机的电磁辐射防护。计算机产生的电磁辐射主要来自电源、处理器、显示器和通信设备等部件。为了保护人体免受电磁辐射的影响，可以采取以下措施。

1）使用符合安全标准的计算机设备。选择符合电磁辐射限值规定的计算机设备，确保设备本身的辐射水平在安全范围内。

2）避免长时间接触计算机。长时间接触计算机会增加电磁辐射对人体的影响，应该适当控制使用时间，定期休息，避免长时间连续操作。

3）保持距离。尽量与计算机保持一定的距离，减少电磁辐射对身体的直接影响。一般建议与计算机屏幕保持至少一臂的距离。

4）使用电磁辐射防护产品。可以使用电磁辐射防护产品，如防护眼镜、手机防辐射贴等，来减少电磁辐射对特定部位（眼睛、头部）的影响。

5）保持良好的工作环境。合理布置计算机周围的工作环境，保持工作区域通风良好，减少电磁辐射对周围空气的影响。

（2）个人防护电磁辐射的措施。

1）增强自我保护意识，重视电磁辐射可能对人体产生的危害，多了解有关电磁辐射的常识，学会防范措施，加强安全防范。例如，对配有应用手册的电器，应严格按指示规范操作、保持安全操作距离等。

2）各种电器、办公设备、移动电话等都应尽量避免长时间操作。可采用清洗脸部、远眺远方或闭上眼睛的方式，减少所受电磁辐射影响和眼睛疲劳程度。

3）当电器暂停使用时，最好不要让它们处于待机状态，因为此时可产生较微弱的电磁场，长时间也会积累辐射。

4）对各种电器的使用，应保持一定的安全距离。

5）居住、工作在高压线、变电站、电台、电视台、雷达站、电磁波发射塔附近的人员，佩戴心脏起搏器的患者，经常使用电子仪器、医疗设备、办公自动化设备的人员以及生活在现代电气自动化环境中的人群，应做好个人防护，将电磁辐射最大限度地阻挡在身体之外。

6）灰尘是电磁辐射的重要载体。一些以视频为终端显示器的电器，如电视机、计算机等，在这方面的表现尤其明显。这些电器的显示器特别容易吸附灰尘，如果不及时擦拭，电磁辐射就会滞留在灰尘中，并随着灰尘在室内空气里弥漫，很容易被人体吸附，久而久之就会对健康造成不良影响。因此，带有显示器的电器最好经常擦拭，清除灰尘的同时，也就把滞留在里面的电磁辐射一并清除掉了。

正确的除尘方法应该按照以下方法来进行。清洁电器的外部时，应将电源插头拔下，以保证安全；擦拭显示器的荧光屏时，要用专用的清洁剂和干净柔软的布，或是用棉球蘸取清洗液擦拭。清洁电器的内部时，首先要保证断电半小时，再打开显示器后盖，用电吹风机将里面积累的灰尘吹净；其次，用无水乙醇棉球擦洗电路板，用干布团轻擦内部线路；最后再用电吹风机吹干。

二、防静电知识

1. 基本概念

（1）静电：物体表面过剩或不足的相对静止的电荷。

（2）静电场：观察者与电荷量不随时间发生变化的电荷相对静止时所观察到的电场。

（3）静电放电：两个具有不同静电电位的物体，由于直接接触或静电场感应引起两物体间的静电电荷的转移。静电电场的能量达到一定程度后，击穿其间介质而进行放电的现象就是静电放电。

（4）静电敏感度：元器件所能承受的静电放电电压。

（5）静电敏感器件：对静电放电敏感的器件。

（6）接地：电器连接到能供给或接受大量电荷的物体，如大地、船等。

（7）中和：利用异性电荷使静电消失。

（8）防静电工作区：配备各种防静电设备和器材，能限制静电电位，具有明确的区域界限和专门标记的，适于从事静电防护操作的工作场地。

2. 静电的产生

（1）摩擦。在日常生活中，任何两个不同材质的物体接触后再分离，即可产生静电，而产生静电的最普遍方法就是摩擦生电。材料的绝缘性越好，越容易使用摩擦生电。

（2）感应。对导电材料而言，因电子能在它的表面自由流动，如将其置于一电场中，由于同性相斥，异性相吸，正负电子就会转移。

（3）传导。对导电材料而言，因电子能在它的表面自由流动，如与带电物体接触，将发生电荷转移。

3. 静电防护

（1）接地。接地指电力系统和电气装置的中性点、电气设备的外露导电部分和装置外导电部分经由导体与大地相连，这是防静电措施中最直接、最有效的。接地通过以下方法实施。

1）人体通过手腕带接地。

2）人体通过防静电鞋和防静电地板接地。

3）工作台面接地。

4）测试仪器、工具夹、电烙铁接地。

5）防静电转运车，箱、架接地。

6）防静电椅接地。

（2）静电屏蔽。静电敏感器件在储存或运输过程中会暴露于有静电的区域中，通常用静电屏蔽袋和防静电周转箱作为保护，来削弱外界静电对电子元器件的影响。

（3）离子中和。绝缘体往往易产生静电，对绝缘体静电进行消除，用接地方法是无效的，通常采用的方法是离子中和（部分采用屏蔽），即在工作环境中用离子风机等，提供一等电位的工作区域。

4. 防静电产品

（1）防静电手腕带。防静电手腕带广泛用于各种操作工位，手腕带种类很多，建议一般采用配有 1 MΩ 电阻的手腕带，线长应留有一定余量。防静电手腕带如图 5-2 所示。

（2）防静电手表。防静电手表通过采用特殊的材料和设计，可以有效地防止静电的产生和传导。防静电手表如图 5-3 所示。

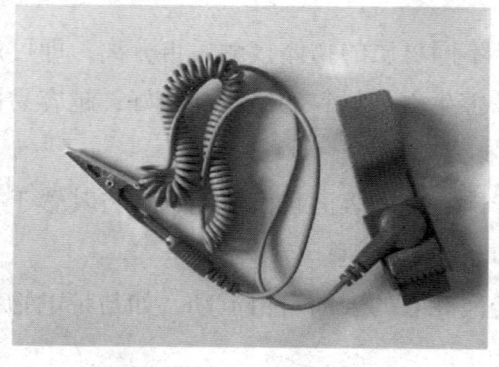

图 5-2 防静电手腕带

图 5-3 防静电手表

（3）防静电鞋/防静电脚带。防静电鞋通常由导电材料制成，如导电橡胶、导电聚合物或导电皮革。这些材料能够将静电荷累积的能量迅速地释放到地面，从而防止静电的积累。此外，防静电鞋还配备了导电鞋底，以确保与地面的良好接触和导电性能。有些防静电鞋还具有防滑、防磨损和防腐蚀等功能。防静电鞋和防静电脚带如图 5-4 所示。

图 5-4 防静电鞋和防静电脚带
a) 防静电鞋 b) 防静电脚带

（4）防静电工作服。在具有静电敏感元器件和具有一定洁净度要求的加工车间，一般会严格要求员工穿戴防静电工作服。防静电工作服如图 5-5 所示。

图 5-5 防静电工作服

（5）防静电台垫。用于各工作台表面的铺设，台垫串连 1 MΩ 电阻后与防静电地板可靠连接。防静电台垫如图 5-6 所示。

（6）防静电地板。防静电地板分为：PVC 地板、聚氨酯地板、活动地板。防静电地板如图 5-7 所示。

（7）防静电手指套：如需用手拿工件或静电敏感元器件时，有必要戴防静电手指套。

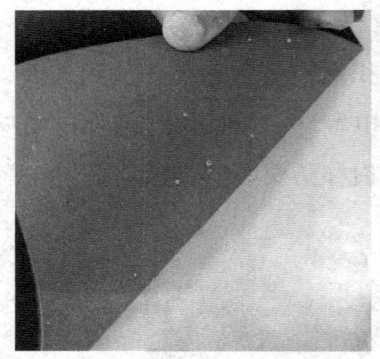
图5-6 防静电台垫

图5-7 防静电地板

5. 电子产品防静电设施

（1）防静电容器。在电子设备研制生产过程中，一切贮存、周转硬盘的容器都应具备静电防护性能。不允许使用金属和普通塑料容器盛装。必要时，存放部件用的周转箱应接地。

（2）防静电离子风枪。消除绝缘材料表面的静电荷应使用防静电离子风枪，如图5-8所示。

图5-8 防静电离子风枪

三、防火防爆知识

1. 电气线路火灾发生原因

电气线路往往由于短路、过载运行、接触电阻过大等原因，产生电火花、电弧或引起电线、电缆过热，而造成火灾。

（1）短路。电气线路上，由于各种原因造成电流突然增大的现象叫短路。

根据焦耳定律，放热量是与电流的平方成正比。在短路电流突然增大时，其瞬间的放热量很大，将大大超过线路正常工作时的发热量，不仅能烧毁绝缘，而且会熔化金属，引起附近易燃可燃物燃烧，造成火灾。

（2）过载运行。电气线路中允许连续通过而不至于使电线过热的电流量，称为安全载流量或安全电流，如果电流超过安全电流值，就叫导线过载。导线过载，一般在不考虑电压降的情况下，以温升为标准。一般导线的最高允许工作温度为65℃，过载时，导线的温度超过此温度值，会使绝缘加速老化，甚至损坏，引起短路火灾事故。

（3）接触电阻过大。导体连接时，在接触面上形成的电阻称为接触电阻。接头处理良好，则接触电阻小；连接不牢或其他原因，使接头接触不良，则会导致局部接触电阻过大，发生过热，使金属变色甚至熔化，引起绝缘材料中可燃物燃烧。

电火花是电极间放电的结果。导线发生短路或漏电，用开关接通或切断电路，熔丝熔断，电灯泡摇动或炸裂，导线连接松动等，都能产生电火花。电弧是由大量密集的电火花构成的，其温度可达 3 000 ℃以上。

2. 计算机设备防火安全知识

（1）确保计算机设备在安全的环境中运行，远离易燃物品，并定期检查电线和电缆，防止过载或短路。防火环境对于保障计算机设备的安全至关重要。

（2）严禁在计算机附近使用明火，同时避免在计算机上放置容易燃烧的物品。杜绝火源，确保计算机设备远离火灾隐患。

（3）在使用计算机时，要注意用电安全，避免因为电线短路、过载等原因引起火灾。安全用电是保障计算机设备安全的重要措施。

（4）在计算机附近应配备灭火器、烟雾探测器等消防设备，并定期检查和维护，确保其正常运行。配备必要的消防设备，可以为计算机设备安全保驾护航。

（5）使用计算机时，应遵守防火制度，明确责任和操作规程，确保计算机设备的安全。健全的防火制度有助于降低计算机设备火灾风险。

（6）计算机应安装自动报警系统，以便在火灾发生时及时发现并采取措施。自动报警系统能够及时预警，确保计算机设备安全。

（7）定期对计算机进行检查和维护，确保其正常运行，防止因设备故障而引发的火灾。定期维护和检查计算机设备，降低设备故障引发火灾的可能性。

（8）使用计算机的人员应进行消防安全培训，了解如何正确使用设备以及如何应对火灾等紧急情况。

（9）对于长时间使用的计算机设备，应定期进行检查和维护。如果发现任何异常情况，应及时进行处理。

（10）在放置计算机设备时，应注意通风和散热，避免将设备放置在封闭的空间中或靠近其他高温设备。良好的通风和散热环境有助于降低计算机设备火灾风险。

（11）如果发现火灾或烟雾，应立即报警并告知准确的位置和情况。同时，按照防火制度进行紧急处理，确保损失降至最低。

3. 爆炸的基本知识

爆炸是一种非常突然的能量释放过程，通常涉及化学反应或物理反应。当物质在很短的时间内迅速释放出大量的能量时，就会发生爆炸。这种能量可以是热能、光能或机械能等。

爆炸可以分为化学爆炸、物理爆炸和核爆炸等几种类型。化学爆炸是最常见的类型，它通常是由于化学反应速度异常迅速而引起的，如炸药爆炸、可燃气体爆炸就属于化学爆炸。物理爆炸是由于物理原因引起的爆炸，如压力容器破裂、气体膨胀等。核爆炸是核反应引起的爆炸，它能够产生巨大的能量和辐射。

爆炸的威力取决于所涉及的能量和物质的量。在工业、军事、交通运输和自然灾害等领域，爆炸都可能带来严重的危害和损失。因此，需要采取措施来预防和控制爆炸的发生。

4. 计算机防爆

计算机防爆是指通过实施一系列有效措施，避免计算机及外围设备在运行过程中产生静电、电磁感应等现象，进而降低爆炸风险。计算机防爆主要涉及以下四个方面。

（1）设备选型需选择符合防爆标准的计算机及外围设备，如防爆型计算机、防爆型显示器等，这些设备在设计和制造过程中已充分考虑防爆需求，有助于降低爆炸风险。

（2）为防止静电累积，需对设备外壳进行接地处理，确保静电能及时导入大地；同时，可配合使用防静电地板、防静电手环等辅助措施，进一步降低静电累积风险。

（3）为屏蔽电磁辐射，可在设备外壳上加装金属屏蔽罩，以有效阻隔电磁辐射，防止其对周围设备造成干扰甚至引发爆炸。

（4）需严格控制设备间的安全距离，通常要求设备间距不小于 0.5 m，以防止设备间相互干扰，避免引发爆炸。

四、相关有毒有害物质预防知识

1. 常见有毒有害气体

常见有毒有害气体按其毒害性质不同，可分为刺激性气体和窒息性气体。

（1）刺激性气体，指对眼和呼吸道黏膜有刺激作用的气体。刺激性气体的种类甚多，最常见的有氯、氨、氮氧化物，光气，氟化氢，二氧化硫，三氧化硫和硫酸二甲酯等。

（2）窒息性气体，指能造成机体缺氧的有毒气体。窒息性气体可分为单纯窒息性气体、血液窒息性气体和细胞窒息性气体，如氮气、甲烷、乙烷、乙烯、一氧化碳、硝基苯的蒸气、氰化物、硫化氢等。

2. 刺激性气体的危害与预防

许多工业生产过程都存在刺激性气体，如电焊、电镀、冶炼、化工、石油等行业。这些气体多具有腐蚀性，经呼吸道进入人体可造成急性中毒。刺激性气体对机体的毒作用的共同特点，是对眼、呼吸道黏膜及皮肤都具有不同程度的刺激性，一般以局部损害为主，但也可引起全身反应。"三酸"（硝酸、硫酸、盐酸）蒸气既可刺激呼吸道黏膜，也可引起皮肤烧伤；长期接触低浓度酸雾，还可刺激牙齿，引起牙齿酸蚀症。氯、氨、二氧化硫、三氧化硫等水溶性强，遇到湿润部位极易引起损害。吸入这些气体后，其在上呼吸道黏膜溶解，直接刺激黏膜，引起上呼吸道黏膜充血、水肿和分泌增加，产生化学性炎症反应，出现流涕、喉痒、呛咳等症状。氮氧化物、光气等水溶性弱，它们通过上呼吸道黏膜时，很少引起水解作用，故黏膜刺激作用轻微；但可继续深入支气管和肺泡，逐渐与黏膜上的水分起作用，对肺组织产生较强的刺激和腐蚀作用，严重时出现肺水肿。

刺激性气体的预防重点：杜绝意外事故，防止跑、冒、滴、漏，并做好废气回收及综合利用。采用自动控制技术，自动调节以维持正常操作条件，防止事故发生；提高设备的密闭性，防止金属设备腐蚀破裂；根据生产工艺特点选用合适的通风方法。加强个人防护，大量接触酸、碱等腐蚀性液体毒物时，应穿戴耐腐蚀的防护用具，如橡皮手套、防护眼镜、防护胶鞋等；戴防毒口罩或防护面具；涂皮肤防护油膏。加强健康监护，做好岗前及定期体检。

3. 窒息性气体中毒的预防

常见的窒息性气体进入人体后，使血液的运氧能力或组织利用氧的能力发生障碍，造成组织缺氧从而对人体产生危害。主要预防措施是加强密闭或通风，严格遵守安全操作规章，加强宣传教育，普及急救和预防知识，做好岗前及定期体检。

培训课程 2 相关法律法规常识

学习单元　相关法律法规知识

一、《中华人民共和国民法典》的相关知识

1. 基本规定

民事主体从事民事活动,应当遵循公平原则,合理确定各方的权利和义务;应当遵循诚信原则,秉持诚实,恪守承诺;不得违反法律,不得违背公序良俗;应当有利于节约资源、保护生态环境。

2. 民事权利

自然人的个人信息受法律保护。任何组织或者个人需要获取他人个人信息的,应当依法取得并确保信息安全,不得非法收集、使用、加工、传输他人个人信息,不得非法买卖、提供或者公开他人个人信息。

3. 隐私权和个人信息保护

任何组织或者个人不得以刺探、侵扰、泄露、公开等方式侵害他人的隐私权。

除法律另有规定或者权利人明确同意外,任何组织或者个人不得实施下列行为。

(一)以电话、短信、即时通信工具、电子邮件、传单等方式侵扰他人的私人生活安宁。

(二)进入、拍摄、窥视他人的住宅、宾馆房间等私密空间。

(三)拍摄、窥视、窃听、公开他人的私密活动。

(四)拍摄、窥视他人身体的私密部位。

(五)处理他人的私密信息。

(六)以其他方式侵害他人的隐私权。

个人信息是以电子或者其他方式记录的能够单独或者与其他信息结合识别特定自然人的各种信息,包括自然人的姓名、出生日期、身份证件号码、生物识别信息、住址、电话号码、电子邮箱、健康信息、行踪信息等。

处理个人信息的,应当遵循合法、正当、必要原则,不得过度处理,并符合下列条件。

(1)征得该自然人或者其监护人同意,但是法律、行政法规另有规定的除外。

(2)公开处理信息的规则。

(3)明示处理信息的目的、方式和范围。

(4)不违反法律、行政法规的规定和双方的约定。

个人信息的处理包括个人信息的收集、存储、使用、加工、传输、提供、公开等。

信息处理者不得泄露或者篡改其收集、存储的个人信息;未经自然人同意,不得向他人非法提供其个人信息,但是经过加工无法识别特定个人且不能复原的除外。

信息处理者应当采取技术措施和其他必要措施,确保其收集、存储的个人信息安全,防止信息泄露、篡改、丢失;发生或者可能发生个人信息泄露、篡改、丢失的,应当及时采取补救措施,按照规定告知自然人并向有关主管部门报告。

 **典型案例**

某计算机维修公司拥有众多客户,这些客户在送修计算机时,需要提供个人信息以便于维修公司记录维修记录和联系客户。然而,该公司在管理和保护客户个人信息方面存在疏漏,导致一些客户信息被非法获取和滥用。

客户A发现自己的个人信息(包括姓名、电话号码、电子邮箱和维修记录)在某论坛上被公开,且这些信息被用于发送垃圾邮件和进行电话骚扰。客户A对此感到非常不满,并要求维修公司对此负责。

根据法律规定,维修公司作为民事主体,应当遵循公平和诚信原则,合理确定与客户之间的权利和义务。维修公司未经客户明确同意,不得非法收集、使用、加工、传输其个人信息。公司应当确保客户的个人信息安全,防止信息泄露。维修公司不得侵犯客户的隐私权。除非法律另有规定或客户明确同意，否则公司不得通过电话、短信等方式侵扰客户的私人生活安宁，也不得处理其私密信息。

客户向维修公司提出投诉，并要求公司采取措施保护自己的个人信息。维修公司应立即进行调查，查明信息泄露的原因，并采取补救措施，如加强内部管理、增强员工对个人信息保护的意识、更新技术保护措施等。同时，公司应向客户说明情况，提供补救方案，并按照法律规定向有关主管部门报告信息泄露事件。

维修公司在处理客户 A 的个人信息时，未能充分遵守法律规定的原则和条件，导致客户 A 的个人信息被非法获取和滥用。根据相关法律条文，维修公司应当承担相应的法律责任，对客户 A 进行赔偿，并采取措施防止类似事件再次发生。此案例强调了维修行业在处理个人信息时必须遵守法律规定，以及违反这些规定可能带来的严重后果。

二、《中华人民共和国劳动法》的相关知识

劳动者享有平等就业和选择职业的权利、取得劳动报酬的权利、休息休假的权利、获得劳动安全卫生保护的权利、接受职业技能培训的权利、享受社会保险和福利的权利、提请劳动争议处理的权利以及法律规定的其他劳动权利。

劳动者应当完成劳动任务，提高职业技能，执行劳动安全卫生规程，遵守劳动纪律和职业道德。

劳动者在劳动过程中必须严格遵守安全操作规程。劳动者对用人单位管理人员违章指挥、强令冒险作业，有权拒绝执行；对危害生命安全和身体健康的行为，有权提出批评、检举和控告。

 **典型案例**

小李是一家计算机维修公司的技术员，与公司签订了为期三年的劳动合同。合同中约定，小李的月工资为 6 000 元，公司每年根据业绩提供年终奖。由

于市场竞争激烈，公司决定调整薪资结构，将部分固定工资转为绩效工资，小李的固定工资被降低至 4 500 元，其余 1 500 元作为绩效工资，根据每月的业绩考核发放。

小李对薪资调整表示不满，认为自己的工作量和质量并未下降，公司单方面的降薪行为违反了劳动合同的约定。小李向劳动争议仲裁委员会提起仲裁，要求公司恢复原有的工资水平，并支付相应的工资差额。

《中华人民共和国劳动法》第十七条规定，订立和变更劳动合同，应当遵循平等自愿、协商一致的原则，不得违反法律、行政法规的规定。在本案中，公司未能提供证据表明双方就薪资调整达成了书面协议，因此，单方面的降薪行为缺乏法律依据。

仲裁委员会审理后认为，公司未能证明与小李就薪资调整达成了新的协议，因此公司单方面降低工资的行为违反了劳动法的规定。仲裁委员会裁决公司应恢复小李原有的工资水平，并支付自降薪之日起至裁决之日止的工资差额。

此案例表明，在劳动关系中，用人单位虽然有权根据自身经营状况调整薪资结构，但必须遵循法律规定的程序，与劳动者协商一致，并通过书面形式确认变更内容。未经过劳动者同意的单方面变更劳动合同行为是无效的，劳动者有权要求恢复原状并索赔。此外，本案也体现了劳动争议仲裁委员会在处理劳动关系纠纷时，注重保护劳动者合法权益的原则。

三、《中华人民共和国劳动合同法》的相关知识

用人单位为劳动者提供专项培训费用，对其进行专业技术培训的，可以与该劳动者订立协议，约定服务期。劳动者违反服务期约定的，应当按照约定向用人单位支付违约金。违约金的数额不得超过用人单位提供的培训费用。用人单位要求劳动者支付的违约金不得超过服务期尚未履行部分所应分摊的培训费用。用人单位与劳动者约定服务期的，不影响按照正常的工资调整机制提高劳动者在服务期间的劳动报酬。

劳动者拒绝用人单位管理人员违章指挥、强令冒险作业的，不视为违反劳动合同。劳动者对危害生命安全和身体健康的劳动条件，有权对用人单位提出批评、

检举和控告。

用人单位以暴力、威胁或者非法限制人身自由的手段强迫劳动者劳动的，或者用人单位违章指挥、强令冒险作业危及劳动者人身安全的，劳动者可以立即解除劳动合同，不需事先告知用人单位。

 **典型案例**

小刘是一家计算机维修公司的技术员，与公司签订了为期两年的劳动合同。合同中约定，小刘的月工资为5 000元，公司提供相应的社会保险和福利。合同还约定，小刘的工作时间为每周五天，每天八小时，加班须支付加班费。

在合同履行期间，由于业务量的增加，公司经常要求小刘加班，但未按照劳动合同法的规定支付加班费。小刘多次向公司提出支付加班费的要求，但公司以业务繁忙为由一直未予理会。此外，公司还未能按时为小刘缴纳社会保险费。

《中华人民共和国劳动合同法》第三十一条规定，用人单位安排加班的，应当按照国家有关规定向劳动者支付加班费。同时，根据该法第三十八条规定，用人单位未及时足额支付劳动报酬、未依法为劳动者缴纳社会保险费的，劳动者可以解除劳动合同，并要求用人单位支付经济补偿。

小刘向劳动争议仲裁委员会提起仲裁，要求公司支付未支付的加班费和经济补偿。仲裁委员会审理后认为，公司未按照法律规定支付加班费和缴纳社会保险费，违反了相关规定。仲裁委员会裁决公司支付小刘未支付的加班费和相应的经济补偿。

此案例表明，在计算机维修服务行业中，用人单位必须遵守相关规定，合理安排劳动者的工作时间和休息休假，并按时足额支付劳动报酬和社会保险费。劳动者也有权利通过法律途径维护自己的合法权益。用人单位的违法行为将受到法律的制裁，并需要承担相应的经济责任。

四、《中华人民共和国消费者权益保护法》的相关知识

经营者及其工作人员对收集的消费者个人信息必须严格保密，不得泄露、出售或者非法向他人提供。经营者应当采取技术措施和其他必要措施，确保信息安

全，防止消费者个人信息泄露、丢失。在发生或者可能发生信息泄露、丢失的情况时，应当立即采取补救措施。

经营者未经消费者同意或者请求，或者消费者明确表示拒绝的，不得向其发送商业性信息。

经营者对消费者未尽到安全保障义务，造成消费者损害的，应当承担侵权责任。

经营者提供商品或者服务，造成消费者或者其他受害人人身伤害的，应当赔偿医疗费、护理费、交通费等为治疗和康复支出的合理费用，以及因误工减少的收入。造成残疾的，还应当赔偿残疾生活辅助具费和残疾赔偿金。造成死亡的，还应当赔偿丧葬费和死亡赔偿金。

经营者提供商品或者服务，造成消费者财产损害的，应当依照法律规定或者当事人约定，承担修理、重作、更换、退货、补足商品数量、退还货款和服务费用或者赔偿损失等民事责任。

经营者以预收款方式提供商品或者服务的，应当按照约定提供。未按照约定提供的，应当按照消费者的要求履行约定或者退回预付款；并应当承担预付款的利息、消费者必须支付的合理费用。

典型案例

小张是一位计算机用户，他将个人计算机送至一家计算机维修店进行维修。在送修前，维修店工作人员未对计算机进行全面检查，也未告知小张可能存在的其他潜在问题。

维修完成后，小张取回计算机发现，虽然原先的问题得到解决，但计算机的触摸板出现故障，无法正常使用。小张返回维修店询问情况，得知维修人员在解决原问题时未能正确安装触摸板，导致其损坏。维修店拒绝为触摸板的损坏承担责任，认为小张应当为额外的维修服务支付费用。

《中华人民共和国消费者权益保护法》第四十四条规定，消费者在接受服务时，其合法权益受到损害的，可以向服务者要求赔偿。同时，根据该法第五十五条，如果服务提供者存在欺诈行为，消费者可以要求服务提供者增加赔偿，赔偿金额可以为服务费用的三倍。

小张向当地消费者协会投诉，并提供了维修前后的证据。消费者协会介入调查后，确认维修店在提供服务过程中存在过错，并未能提前告知可能对计算机其他部件造成的影响。最终，维修店被要求免费修复触摸板，并就其服务中的过错向小张进行赔偿。

此案例表明，在计算机维修服务行业中，服务提供者应当依法提供质量合格的服务，并在服务过程中向消费者充分披露相关信息。一旦服务提供者的过错导致消费者权益受损，消费者有权依法要求赔偿。同时，这也提醒消费者在维修服务中保留好相关证据，以便在发生纠纷时维护自己的合法权益。

五、《中华人民共和国产品质量法》的相关知识

产品质量应当检验合格，不得以不合格产品冒充合格产品。

可能危及人体健康和人身、财产安全的工业产品，必须符合保障人体健康和人身、财产安全的国家标准、行业标准；未制定国家标准、行业标准的，必须符合保障人体健康和人身、财产安全的要求。

禁止生产、销售不符合保障人体健康和人身、财产安全的标准和要求的工业产品。具体管理办法由国务院规定。

易碎、易燃、易爆、有毒、有腐蚀性、有放射性等危险物品以及储运中不能倒置和其他有特殊要求的产品，其包装质量必须符合相应要求，依照国家有关规定作出警示标志或者中文警示说明，标明储运注意事项。

 **典型案例**

小李购买了一台便携式计算机，使用不到一年，计算机出现频繁死机的问题。小李将计算机送至一家专业的计算机维修服务中心进行维修。维修人员更换了一些配件，并保证修复后的计算机能够正常使用。然而，小李在使用计算机一段时间后，发现问题依旧存在。

小李再次将计算机送回维修服务中心，要求彻底解决问题。维修服务中心未能查明故障原因，也未能提供有效的解决方案。小李认为维修服务中

未能提供符合质量要求的维修服务，导致他的计算机问题未得到解决，且维修后的性能甚至不如维修前。

《中华人民共和国产品质量法》第二十六条规定，销售者应当对其生产的产品质量负责，产品应具备其应当具备的使用性能。此外，产品存在危及人身、他人财产安全的不合理的危险，或者产品有保障人体健康和人身、财产安全的国家标准、行业标准，而不符合该标准的，销售者应当承担相应的法律责任。

小李向当地市场监督管理部门投诉，并提供了维修记录和相关证据。市场监督管理部门介入调查后，确认维修服务中心未能提供符合质量要求的维修服务，未能解决电脑的故障问题。最终，维修服务中心被要求免费为小李彻底修复电脑，并对其造成的损失进行赔偿。

此案例表明，在计算机维修服务行业中，维修服务提供者应当依法提供符合质量要求的服务，确保维修后的产品能够正常使用，并达到约定的性能标准。如果维修服务未能达到质量要求，消费者有权依法要求赔偿。同时，这也提醒消费者在维修服务中保留好相关证据，以便在发生纠纷时维护自己的合法权益。

六、《中华人民共和国保守国家秘密法》的相关知识

1. 保密制度

任何组织和个人不得有下列行为：

（1）非法获取、持有国家秘密载体。
（2）买卖、转送或者私自销毁国家秘密载体。
（3）通过普通邮政、快递等无保密措施的渠道传递国家秘密载体。
（4）寄递、托运国家秘密载体出境。
（5）未经有关主管部门批准，携带、传递国家秘密载体出境。
（6）其他违反国家秘密载体保密规定的行为。

2. 法律责任

违反本法规定，有下列行为之一，根据情节轻重，依法给予处分；有违法所得的，没收违法所得。

（1）非法获取、持有国家秘密载体的。

（2）买卖、转送或者私自销毁国家秘密载体的。

（3）通过普通邮政、快递等无保密措施的渠道传递国家秘密载体的。

（4）寄递、托运国家秘密载体出境，或者未经有关主管部门批准，携带、传递国家秘密载体出境的。

（5）非法复制、记录、存储国家秘密的。

（6）在私人交往和通信中涉及国家秘密的。

（7）未按照国家保密规定和标准采取有效保密措施，在互联网及其他公共信息网络或者有线和无线通信中传递国家秘密的。

（8）未按照国家保密规定和标准采取有效保密措施，将涉密信息系统、涉密信息设备接入互联网及其他公共信息网络的。

（9）未按照国家保密规定和标准采取有效保密措施，在涉密信息系统、涉密信息设备与互联网及其他公共信息网络之间进行信息交换的。

（10）使用非涉密信息系统、非涉密信息设备存储、处理国家秘密的。

（11）擅自卸载、修改涉密信息系统的安全技术程序、管理程序的。

（12）将未经安全技术处理的退出使用的涉密信息设备赠送、出售、丢弃或者改作其他用途的。

（13）其他违反本法规定的情形。

 **典型案例**

某政府部门的计算机出现故障，需要进行维修。该计算机中含有一些涉及政府工作的秘密文件和敏感数据。

由于缺乏专业的内部IT支持团队，该政府部门决定将计算机送至外部的计算机维修服务中心进行维修。在维修过程中，维修人员未被充分告知计算机中含有涉密信息，也未采取必要的保密措施。维修人员在不知情的情况下访问了涉密文件，并对计算机进行了系统重装，导致原有的保密软件和安全措施被移除。

《中华人民共和国保守国家秘密法》（以下简称《保密法》）规定，任何组织和个人在处理国家秘密时都必须采取严格的保密措施。《保密法》明确规定,对于涉密信息系统的管理应当严格遵守国家保密法规,确保国家秘密安全。此外,《保密法》还规定了对于违反保密法规的行为应当依法追究法律责任。

在发现问题后,该政府部门立即采取措施,对涉密信息进行了紧急处理,并暂停了与该维修服务中心的合作。同时,对该维修服务中心进行了法律教育,并要求其加强员工的保密意识培训。维修服务中心也对其内部的保密措施进行了全面检查和整改,以防止类似事件再次发生。

此案例表明,在计算机维修服务行业中,服务提供者必须充分认识到保护客户数据安全的重要性,特别是当涉及国家秘密和敏感信息时。维修服务人员应当接受保密法规的培训,了解在处理涉密设备时应遵守的程序和措施。同时,政府部门和其他组织在选择外部维修服务时,也应当对服务商的保密资质进行严格审查,并在维修前明确告知涉密信息的存在,以确保国家秘密和个人隐私得到妥善保护。

七、《中华人民共和国网络安全法》的相关知识

1. 总则

任何个人和组织使用网络应当遵守宪法法律,遵守公共秩序,尊重社会公德,不得危害网络安全,不得利用网络从事危害国家安全、荣誉和利益,煽动颠覆国家政权、推翻社会主义制度,煽动分裂国家、破坏国家统一,宣扬恐怖主义、极端主义,宣扬民族仇恨、民族歧视,传播暴力、淫秽色情信息,编造、传播虚假信息扰乱经济秩序和社会秩序,以及侵害他人名誉、隐私、知识产权和其他合法权益等活动。

任何个人和组织不得从事非法侵入他人网络、干扰他人网络正常功能、窃取网络数据等危害网络安全的活动;不得提供专门用于从事侵入网络、干扰网络正常功能及防护措施、窃取网络数据等危害网络安全活动的程序、工具;明知他人从事危害网络安全的活动的,不得为其提供技术支持、广告推广、支付结算等帮助。

2. 网络信息安全

任何个人和组织不得窃取或者以其他非法方式获取个人信息,不得非法出售或者非法向他人提供个人信息。

任何个人和组织应当对其使用网络的行为负责。不得设立用于实施诈骗，传授犯罪方法，制作或者销售违禁物品、管制物品等违法犯罪活动的网站、通讯群组；不得利用网络发布涉及实施诈骗，制作或者销售违禁物品、管制物品以及其他违法犯罪活动的信息。

任何个人和组织发送的电子信息、提供的应用软件，不得设置恶意程序，不得含有法律、行政法规禁止发布或者传输的信息。

 **典型案例**

一家提供计算机维修服务的公司在其业务过程中，需要对客户的计算机进行维修和数据恢复。在一次服务中，维修人员在未获得客户明确同意的情况下，擅自访问了客户计算机中的个人文件，并在无意中泄露了客户的敏感信息。

客户发现自己的个人信息被泄露后，向公司提出了投诉。公司在调查过程中发现，维修人员未遵守《中华人民共和国网络安全法》（以下简称《网络安全法》）中关于个人信息保护的规定，未采取必要的保密措施，导致了信息泄露。

《网络安全法》第四十条规定，网络运营者应当对其收集的个人信息严格保密，并建立健全用户信息保护制度。此外，第四十四条规定，任何个人和组织不得窃取或者以其他非法方式获取个人信息，不得非法出售或者非法向他人提供个人信息。违反上述规定的，依法承担法律责任。

计算机维修服务公司根据《网络安全法》的相关规定，对涉事维修人员进行了处理，并加强了对员工的法律和职业道德教育。同时，公司向客户赔偿了因信息泄露造成的损失，并采取措施加强了对客户数据的保护。

此案例表明，在计算机维修服务行业中，企业必须严格遵守《网络安全法》的规定，加强对员工的管理，确保在提供服务过程中对客户的个人信息进行严格保密。同时，企业应当建立和完善内部管理制度，采取有效的技术措施和管理措施，防止类似事件的发生。只有这样，才能保护客户的合法权益，维护企业的声誉和市场地位。

八、《中华人民共和国密码法》的相关知识

任何组织或者个人不得窃取他人加密保护的信息或者非法侵入他人的密码保障系统。任何组织或者个人不得利用密码从事危害国家安全、社会公共利益、他人合法权益等违法犯罪活动。

窃取他人加密保护的信息，非法侵入他人的密码保障系统，或者利用密码从事危害国家安全、社会公共利益、他人合法权益等违法活动的，由有关部门依照《网络安全法》和其他有关法律、行政法规的规定追究法律责任。

违反本法规定，构成犯罪的，依法追究刑事责任；给他人造成损害的，依法承担民事责任。

 **典型案例**

一家提供计算机维修服务的公司在其业务过程中，需要对客户的计算机进行维修和数据恢复。在一次服务中，维修人员在未获得客户明确同意的情况下，擅自访问了客户计算机中的个人文件，并在无意中泄露了客户的敏感信息。

客户发现自己的个人信息被泄露后，向公司提出了投诉。公司在调查过程中发现，维修人员未遵守关于个人信息保护的规定，未采取必要的保密措施，导致了信息泄露。

计算机维修服务公司根据相关规定，对涉事维修人员进行了处理，并加强了对员工的法律和职业道德教育。同时，公司向客户赔偿了因信息泄露造成的损失，并采取措施加强了对客户数据的保护。

此案例表明，在计算机维修服务行业中，企业必须严格遵守《中华人民共和国密码法》的规定，加强对员工的管理，确保在提供服务过程中对客户的个人信息进行严格保密。同时，企业应当建立和完善内部管理制度，采取有效的技术措施和管理措施，防止类似事件的发生。只有这样，才能保护客户的合法权益，维护企业的声誉和市场地位。

九、《中华人民共和国著作权法》的相关知识

任何组织或者个人不得侵犯他人的著作权，包括但不限于未经授权复制、传播、改编、翻译、汇编他人的作品。不得盗用他人作品的署名或者以他人作品为基础进行创作，侵犯原作者的合法权益。

任何组织或者个人不得通过互联网、出版、广播、影视等途径非法传播、复制、翻译他人的著作作品，或者将其作品用于商业用途，造成他人利益损害。

侵犯他人著作权的，著作权人可以依法要求停止侵害、排除影响、恢复名誉、赔偿损失。有关部门可依法根据《中华人民共和国著作权法》及其他相关法律、行政法规追究侵权行为人的法律责任。

违反法律规定，构成犯罪的，依法追究刑事责任；给著作权人造成经济损失的，应依法承担民事赔偿责任。

 **典型案例**

> 某计算机维修服务公司开发了一款专业的维修管理软件，该软件包含了公司独特的维修流程管理和客户信息管理功能。公司将该软件用于日常的维修服务中，并对外提供软件的销售和许可使用。
>
> 一家同行业的竞争对手通过招聘原公司员工的方式，获取了该软件的源代码，并在其自己的维修服务中使用了该软件的复制版本，且未获得原公司的许可。
>
> 原计算机维修服务公司向法院提起诉讼，要求竞争对手停止侵权行为，并赔偿经济损失。法院审理后认为，竞争对手的行为侵犯了原告的软件著作权，判决被告立即停止使用侵权软件，销毁所有侵权复制品，并赔偿原告经济损失及合理开支。
>
> 此案例表明，在计算机维修服务行业中，知识产权的保护尤为重要。企业应当加强对自身软件和商业秘密的保护措施，防止不正当竞争行为的发生。同时，一旦发生侵权行为，权利人应当积极维权，通过法律途径维护自身的合法权益。

十、《中华人民共和国安全生产法》的相关知识

生产经营单位的从业人员有权了解其作业场所和工作岗位存在的危险因素、防范措施及事故应急措施，有权对本单位的安全生产工作提出建议。

从业人员有权对本单位安全生产工作中存在的问题提出批评、检举、控告，有权拒绝违章指挥和强令冒险作业。

从业人员发现直接危及人身安全的紧急情况时，有权停止作业或者在采取可能的应急措施后撤离作业场所。

因生产安全事故受到损害的从业人员，除依法享有工伤保险外，依照有关民事法律尚有获得赔偿的权利的，有权提出赔偿要求。

从业人员在作业过程中，应当严格落实岗位安全责任，遵守本单位的安全生产规章制度和操作规程，服从管理，正确佩戴和使用劳动防护用品。

从业人员应当接受安全生产教育和培训，掌握本职工作所需的安全生产知识，提高安全生产技能，增强事故预防和应急处理能力。

从业人员发现事故隐患或者其他不安全因素，应当立即向现场安全生产管理人员或者本单位负责人报告；接到报告的人员应当及时予以处理。

 **典型案例**

一家专门提供计算机维修服务的公司在进行设备维护时，未能严格遵守安全生产的相关法律法规，导致了一系列安全隐患。

该公司在进行计算机维修作业时，未对维修人员进行充分的安全教育培训，也未如实记录安全生产培训教育情况。此外，公司未建立完善的安全生产事故隐患排查治理制度，未能及时发现并消除事故隐患。在一次维修过程中，由于缺乏必要的安全防护措施，一名维修人员在操作中不慎触电受伤。

《中华人民共和国安全生产法》第二十八条规定，生产经营单位应当对从业人员进行安全生产教育和培训，保证从业人员具备必要的安全生产知识，熟悉有关的安全生产规章制度和安全操作规程，掌握本岗位的安全操作技能，了解事故应急处理措施，知悉自身在安全生产方面的权利和义务。同时，根据该法第九十七条，生产经营单位未如实记录安全生产教育和培训情况的，

责令限期改正，处十万元以下的罚款。

事故发生后，当地安全生产监督管理部门对该公司进行了调查，并根据相关法律规定，对公司进行了行政处罚，要求其立即整改存在的安全隐患，并处以相应的罚款。同时，责令公司加强员工的安全教育和培训，建立健全安全生产责任制，确保类似事故不再发生。

此案例表明，在计算机维修服务行业中，企业必须严格遵守《中华人民共和国安全生产法》的相关规定，加强对员工的安全教育和培训，建立健全安全生产责任制和事故隐患排查治理制度。只有这样，才能有效预防和减少生产安全事故，保障员工的生命安全和企业的稳定发展。

十一、《中华人民共和国环境保护法》的相关知识

1. 保护和改善环境

公民应当遵守环境保护法律法规，配合实施环境保护措施，按照规定对生活废弃物进行分类放置，减少日常生活对环境造成的损害。

2. 防治污染和其他公害

生产、储存、运输、销售、使用、处置化学物品和含有放射性物质的物品，应当遵守国家有关规定，防止污染环境。

3. 信息公开和公众参与

公民、法人和其他组织发现任何单位和个人有污染环境和破坏生态行为的，有权向环境保护主管部门或者其他负有环境保护监督管理职责的部门举报。

公民、法人和其他组织发现地方各级人民政府、县级以上人民政府环境保护主管部门和其他负有环境保护监督管理职责的部门不依法履行职责的，有权向其上级机关或者监察机关举报。

 **典型案例**

一家计算机维修服务公司在进行日常维修作业时，未能妥善处理维修过程中产生的废弃物，包括废旧电子元件、化学清洁剂等。

该公司在维修过程中，未能建立有效的废物分类和回收系统，导致有害物质未经处理便被随意丢弃。此外，公司在废弃物存储和运输过程中也未采取必要的防泄漏措施，存在环境污染风险。

《中华人民共和国环境保护法》第四十七条规定，产生固体废物的单位和个人应当依法进行无害化处理，防止污染环境。第六十三条规定，违反国家规定，造成固体废物污染环境的，由环境保护行政主管部门责令限期改正，可以处以罚款。

当地环境保护行政主管部门对该公司进行了检查，并根据相关法律规定，要求公司立即改正违法行为，建立废物分类和回收系统，并对其处以相应的罚款。同时，责令公司对已经造成的环境污染进行修复。

此案例表明，在计算机维修服务行业中，企业必须严格遵守《中华人民共和国环境保护法》的相关规定，建立和执行有效的废物管理和环境保护措施。只有这样，才能有效防止环境污染，保障企业的可持续发展，并维护公共利益和环境安全。

十二、《中华人民共和国广告法》的相关知识

法律、行政法规规定禁止生产、销售的产品或者提供的服务，以及禁止发布广告的商品或者服务，任何单位或者个人不得设计、制作、代理、发布广告。

任何单位或者个人未经当事人同意或者请求，不得向其住宅、交通工具等发送广告，也不得以电子信息方式向其发送广告。

以电子信息方式发送广告的，应当明示发送者的真实身份和联系方式，并向接收者提供拒绝继续接收的方式。

典型案例

一家计算机维修服务公司在其官方网站和社交媒体平台上发布了一系列广告，宣传其提供的维修服务。在这些广告中，公司声称其维修技术"行业领先"，并承诺"所有维修后的计算机性能将提升至少30%"。

消费者小张根据广告宣传，选择了该公司的维修服务。然而，维修完成后，小张发现计算机的性能并未有显著提升，甚至出现了新的故障。小张向公司提出疑问，但公司未能提供有效的解决方案和合理解释。

《中华人民共和国广告法》第四条规定，广告不得含有虚假或者引人误解的内容，不得欺骗、误导消费者。第九条进一步明确，广告不得使用"国家级""最高级""最佳"等用语，以避免误导消费者。

小张向当地市场监督管理部门投诉，该部门对计算机维修服务公司的广告行为进行了调查。调查结果显示，公司的广告中使用了绝对化的用语，并夸大了服务效果，构成了虚假广告。依据《中华人民共和国广告法》第五十五条的规定，市场监督管理部门责令该公司停止发布违法广告，并处以相应的罚款。

此案例表明，在计算机维修服务行业中，企业在发布广告时必须确保内容的真实性和合法性，不得夸大宣传效果或使用误导性用语。违反《中华人民共和国广告法》的行为将受到法律的严厉处罚，同时也损害了消费者的权益和企业自身的信誉。企业应当依法合规经营，诚实守信，为消费者提供真实可靠的服务信息。

十三、《计算机信息网络国际联网安全保护管理办法》的相关知识

任何单位和个人不得利用国际联网危害国家安全、泄露国家秘密，不得侵犯国家的、社会的、集体的利益和公民的合法权益，不得从事违法犯罪活动。

1. 任何单位和个人不得利用国际联网制作、复制、查阅和传播下列信息

（1）煽动抗拒、破坏宪法和法律、行政法规实施的。

（2）煽动颠覆国家政权，推翻社会主义制度的。

（3）煽动分裂国家、破坏国家统一的。

（4）煽动民族仇恨、民族歧视，破坏民族团结的。

（5）捏造或者歪曲事实，散布谣言，扰乱社会秩序的。

（6）宣扬封建迷信、淫秽、色情、赌博、暴力、凶杀、恐怖，教唆犯罪的。

（7）公然侮辱他人或者捏造事实诽谤他人的。

（8）损害国家机关信誉的。

(9)其他违反宪法和法律、行政法规的。

2. **任何单位和个人不得从事下列危害计算机信息网络安全的活动**

(1)未经允许,进入计算机信息网络或者使用计算机信息网络资源的。

(2)未经允许,对计算机信息网络功能进行删除、修改或者增加的。

(3)未经允许,对计算机信息网络中存储、处理或者传输的数据和应用程序进行删除、修改或者增加的。

(4)故意制作、传播计算机病毒等破坏性程序的。

(5)其他危害计算机信息网络安全的。

用户的通信自由和通信秘密受法律保护。任何单位和个人不得违反法律规定,利用国际联网侵犯用户的通信自由和通信秘密。

典型案例

一家提供计算机维修和网络维护服务的公司在其业务过程中,需要访问客户的计算机系统进行故障排查和维修工作。

在一次服务中,维修人员在未获得客户充分授权的情况下,擅自访问了客户计算机系统中的敏感数据,并在无意中将部分数据泄露给了海外第三方。客户发现数据泄露后,向维修服务公司提出了投诉。

《计算机信息网络国际联网安全保护管理办法》(以下简称《管理办法》)第六条规定,任何单位和个人不得从事危害计算机信息网络安全的活动,包括未经允许对计算机信息网络中存储、处理或者传输的数据进行删除、修改或者增加。同时,第十条规定,互联单位、接入单位及使用计算机信息网络国际联网的法人和其他组织应当对委托发布信息的单位和个人进行登记,并对所提供的信息内容进行审核。

维修服务公司在接到投诉后,立即对事件进行了调查,并采取了相应的补救措施。公司向客户道歉,并提供了相应的赔偿。同时,公司加强了对员工的网络安全和数据保护培训,确保类似事件不再发生。

此案例表明,在计算机维修服务行业中,服务提供者必须遵守《管理办法》的相关规定,确保在提供服务过程中对客户的信息进行严格保密。企业应当建立健全的安全保护管理制度,加强对员工的管理,防止未授权访问和数据泄露事件的发生。只有这样，才能有效保护客户的合法权益，维护企业的声誉和市场地位。